· 江苏省优秀科普图书一等奖 ·

中国木构古建筑

CHINESE
ANCIENT
TIMBER
BUILDINGS

刘海波·著

图书在版编目（CIP）数据

中国木构古建筑 / 刘海波著 . -- 南京：河海大学出版社，2020.8（2021.10 重印）
ISBN 978-7-5630-6416-8

Ⅰ . ①中… Ⅱ . ①刘… Ⅲ . ①木结构－古建筑－研究－中国 Ⅳ . ① TU-092

中国版本图书馆 CIP 数据核字 (2020) 第 130883 号

书　　名	中国木构古建筑
	ZHONGGUO MUGOU GUJIANZHU
书　　号	ISBN 978-7-5630-6416-8
责任编辑	周　贤
责任校对	彭志诚
装帧设计	槿容轩
出版发行	河海大学出版社
地　　址	南京市西康路 1 号（邮编：210098）
网　　址	http://www.hhup.com
电　　话	（025）83786678（总编室）
	（025）83722833（营销部）
印　　刷	南京工大印务有限公司
开　　本	890mm×1240mm　1/32
印　　张	14
字　　数	308 千字
版　　次	2020 年 8 月第 1 版　印　次 / 2021 年 10 月第 2 次印刷
定　　价	146.00 元

前　序

　　说起来这本书的写作主要源起于我的一个纠结。中国古建筑作为中国文化的重要载体，同时也是一种重要的艺术形式，它所反映的是传统中国思想文化精神以及艺术审美观念等。就其文化价值、思想价值、艺术价值，从社会生活层面上说，古建筑理应成为我们欣赏艺术、感受艺术，提升社会公众思想层次，推动社会文明发展的重要内容。

　　实际上，公众对中国古建筑艺术的认知和理解还不是很多，只能从直观感受上去欣赏、赞叹。与欣赏西方古建筑有所不同，我们欣赏西方古建筑只需对其流派与艺术风格有大概的了解即可，但作为生于斯、长于斯的我们，作为文化基因传承及不断推进历史的我们，对古建筑艺术不应仅仅是感官欣赏，还需要有一定的认知，这不仅是社会文明的反映，也是社会进步的基础。

　　当然，自中国营造学社首开中国古建筑研究的先河，梁思成先生等一批前辈学者奠定了中国古建筑的研究基础。经过多年的发展，时至今日，学界对古建筑的研究在广度和深度上都有了令人瞩目的成就，产生了诸多优秀的著作、文献。

我们还要看到,对社会公众而言,目前对古建筑艺术的认知途径呈两极分化,专业学术研究不易理解也没有必要,而如旅游手册上的古建筑介绍,对于公众能够真正欣赏古建筑艺术,还是远远不够的。在专业学术研究和公众通识之间需要一座桥梁,需要在两者之间找寻一个适宜的点。或者说即使是通识性的认识和了解,也应该有基本的、框架性的知识,如同我们不仅赞叹斗栱构造的巧妙,还能知道其巧妙在哪里,还能够知道使用在不同部位的斗栱具有不同的作用,唐宋斗栱和明清斗栱的差别,等等。这才是真正地欣赏古建筑艺术,也是本书写作的初衷。

对古建筑艺术内容的取舍和深度的把握,以及对叙述结构的选择成了本书的关键和艰难。首先,我期望它是极其简洁的、简单的,用最少的语言讲清楚、讲明白,可简洁却是对整体认识和深入把握的高度挑战。其次,我希望它是非学术的,使用的语言是非学术体的,是轻松的、娓娓道来的描述体,可描述却是对逻辑体系和概念结构的更高要求。我更期望它告别编年体或纪传体的整体结构惯例,如同电影般跌宕起伏。

这一切最终还是取决于个人对古建筑艺术研究的深度,终究因自己才疏学浅,本书的呈现既非学术也并不通识科普,既非深奥深邃也并不简易浅显。同时,由于古建筑体系较为复杂，不用说更大范围的建筑形式了，仅就木构古建筑而言也是庞大的，所以写一本简洁小书的意愿，随着写作的深入，不得不作以调整。

这样倒是有些应了在通识和学术之间找一个结合点的初衷，不管怎样，我还是期望公众对古建筑艺术的认知能再往前走一步。

如果你再一次站在中国古建筑面前，在赞美之余，还能够稍微沉静，还能够沉浸在古建筑的形态美感中，去感受形制、结构、装饰等呈现的不同的美和享受认知的愉悦，那么这本书写作的所有前愿均为圆满。

目 录

001	第一章·初识古建筑
003	何谓古建筑
007	东方建筑与西方建筑
011	为什么是木结构
019	左右建筑的思想
037	第二章·建筑的历史
038	建筑历史的分期
045	创立：史前远古
059	成熟：秦汉及三国
068	融会：两晋南北朝
072	全盛：隋唐及五代
082	延续：宋辽金
105	停滞：元明清

119	第三章 · 台基
120	凡屋有三分
123	台基的产生
128	台基基座
141	台基踏道
151	栏杆
158	铺地
165	第四章 · 木构架
166	木构架的形式特点
174	柱和柱框架
199	枋与雀替
225	斗栱
263	槫槫椽
283	第五章 · 屋身
284	屋身的视觉转换
288	屋身围护
306	山面装饰
310	墙壁

315	第六章 · 屋顶
316	屋顶形式
328	屋面材料
333	屋顶结构特征
343	屋脊
361	第七章 · 小木作装修
362	门
374	窗
381	隔断
386	天花和藻井
397	第八章 · 建筑彩画
398	装饰的产生
401	建筑的色彩
404	粉刷与油漆
406	彩画
428	图片索引
433	后记

第一章 初识古建筑

位于南京钟山的国民政府主席公邸,也称美龄宫,是建于民国二十年(1931)的近代建筑

何谓古建筑

建筑是外来词，中国人的说法建筑就是"房屋"。提及中国古建筑，自然会想到北京故宫、太庙、天坛，以及古民居、古寺庙，等等。梁思成先生认为，1912年清代结束，中华民国建立以前的中国建筑都为古建筑[1]，当然这一划分，随着历史的进程，会有相应的变化。就目前的共识而言，1912年以前的中国建筑确以梁先生的划分为准，至于1912年以后建造的，具有中国建筑完全特征的，也只能称为传统建筑、仿古建筑。民国期间建有在中国古建筑基础上吸收、借鉴西方建筑经验的一大批优秀建筑，也是以民国建筑或近代建筑称之。

即使是中国古建筑，也不能以一概之。中国地域幅员辽阔，民族众多，因地理因素、自然环境、气候气温、物产资源、生活习惯、宗教信仰、美学传统、地域的建筑材料技术等差别，形成了对建筑的不同需求和建筑实践的不同条件，产生了各民族、各地区不同风格和形态的建筑。当然，尽管各地区各民族建筑风格具有不同的特点特征，从建筑体系上说，具有一脉的血缘，有着主要的相同点，只是在一个体系下的不同风格[2]。

贵州肇兴侗寨民居

穆师傅银佛坊

上：江西婺源篁岭民居
下：福建永定土楼民居

东方建筑与西方建筑

学界一般认为世界建筑分为西方建筑、东方建筑两大部分。

西方建筑以欧洲建筑为中心，正如同他们认为构建现代世界文明的文化、科技、历史的中心在欧洲一样，欧洲人同样也认为影响世界各国建筑的发展，仍然和西方建筑具有传启关系，很少认为其他建筑体系推动了现代建筑的发展[3]。

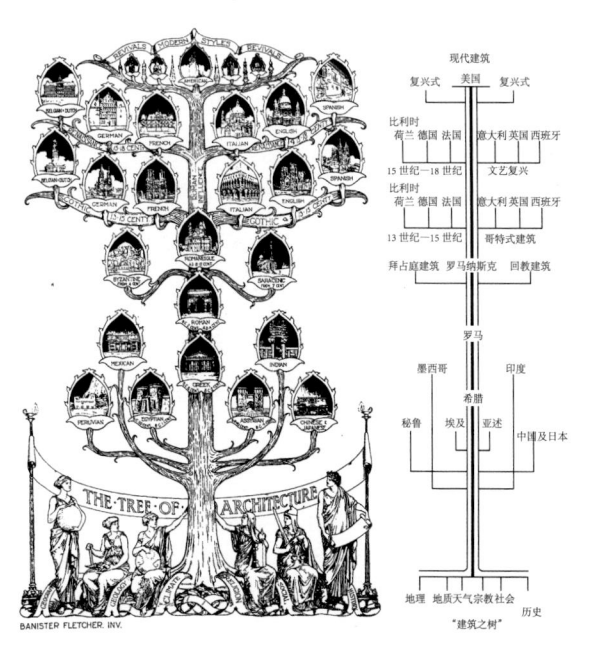

英国弗列契（B. Fletcher）著作《比较法世界建筑史》中的"建筑之树"

东方建筑分为三大体系，南亚地区的印度建筑有着悠久的历史，也有桑契大塔等优秀建筑，后起的西亚伊斯兰建筑（回教建筑）遍布欧亚非三洲，在世界上同样具有广泛的影响。而中国建筑无疑是东方建筑中历史最为悠久、风格最为统一、特点最为显著的建筑体系。日本、朝鲜、中南半岛的建筑都长期稳定融合在这个体系内[4]。

诚如西方人所认识的，西方建筑在很大程度上推动了现代建筑的发展，也取得了很大的成绩和做出了卓越贡献，现代建筑也的确源起西方。但是世界建筑的发展更是世界各民族建筑共同发展的成果，"现代文明实际上是过去的整个人类文明发展的成果，愈往高发展愈要求各种文化更为广泛的交流"[5]。在更早的时候，日本建筑学者伊东忠太就提出了欧洲对东方文化艺术的无视[6]；英国学者李约瑟也注意过此类情况，并明确地提出"远在欧亚大陆另一极端的这一浩瀚繁荣的文明，至少也和他们自己的文明一样地错综复杂和丰富多彩"[7]。

这些态度和观点随着世界的发展得以明显的改变。

一方面，西方人对外部世界有更多认识，越来越知晓对世界各地区民族文化的吸收对推进整体人类科学文化发展的意义，对中国建筑的研究论述成果也日益增多，利用、吸收中国建筑经验在全世界各地的建筑实践，也极大推进了世界建筑的发展。

来自东亚内部的觉醒和重视，在另一方面也增强了东方建筑的影响力。1930年前后，一批在国外学习建筑的以吕彦直、梁思成、刘敦桢、杨廷宝、童寯等为代表的留学生，他们接受了西方建筑学的系统训练，以国际化的视野、现代科学方法审视中国建筑、研究中国建筑，更确切、系统地把握中国建筑学术建设。

从1937年起，梁思成和林徽因等人先后踏遍中国十五省二百多个县，测绘和拍摄了二千多件唐、宋、辽、金、元、明、清各代保留下来的古建筑遗物，包括天津蓟县辽代建筑独乐寺观音阁、宝坻辽代建筑广济寺，河北正定辽代建筑隆兴寺，山西辽代应县木塔、大同辽代寺庙群华严寺和善化寺，以及河北赵州隋朝建造的安济桥等。这些重大考察结果，写成文章在国外发表，引起国际上的重视，而梁思成在抗战时期用英文写成了《图像中国建筑史》，把中国建筑推向世界，梁思成的学术成就也受到国外学术界的推崇。李约瑟说，梁思成是研究"中国建筑历史的宗师"。

几乎同时期，多次来华进行建筑实地考察的日本建筑学者关野贞、伊东忠太、常盘大定等，较为全面地记录了20世纪初中国建筑遗产的保存状况，尤其是运用考古学方法，对建筑做翔实考证，并有多部研究著作问世，对中国建筑的世界影响力亦起到了重要作用。

左：1902年，日本学者伊东忠太（前左）于贵州考察建筑（在当地乡绅家中）
右：1935年，梁思成与林徽因在祈年殿顶上的留影

为什么是木结构

建筑作为一项社会实践，其形成十分复杂。中西方两大文明的建筑给人全然不同的感观，古希腊神庙、中世纪欧洲教堂巍峨耸立，而中国太庙、故宫形制规整。在世界建筑体系中，只有中国建筑以及朝鲜、日本等邻近地区的建筑是以木材作为房屋主要构架的，属于木结构系统。而西方建筑，以及东方建筑中印度建筑、伊斯兰建筑基本上是属于砖石结构为主的建筑系统。木结构是中国建筑有别于其他建筑体系最为重要的特征之一。

中国并不缺少石头，为什么中国建筑主要发展木构架的建筑体系，西方也并不是没有木材，而为什么大多数发展砖石结构的建筑体系？对于这个理应是深入了解中国建筑的很主要的、关键性问题，恐怕不能泛泛以自然条件及不同文化、理念的结果而轻易带过。

梁思成先生大致给出一个推论："中国结构既以木材为主，宫室之寿命固乃限于木质结构之未能耐久，但更深究其故，实缘于不着意于原物长存之观念。"[8]梁先生认为使用木结构是因为中国人并不有意于事物长存的观念，事物有生有死是符合中国人自然观念的,可是永生永恒一样也是中国人的追求,或许在用物上中国人追寻有所选择的态度,但怎样的有所选择,又是为什么有所选择。需要我们注意的是,在梁先生之后,有更多的建筑学者对这个问题做出了进一步的关注和论断。

刘致平先生在《中国建筑类型及结构》中对中国建筑采用木结构的看法:"我国最早的发祥地区——中原等黄土地区,多木材而少佳石,所以石建筑甚少。同时因木材轻便坚韧,抚摩舒适,便于施工,而梁柱式结构开门开窗均甚方便,所以木构宫室,在我国很早原始社会就用,而且相当普遍。"[9]刘致平先生的结论是自然条件所致。

对于刘致平的这一认为,李允鉌先生在其《中国古典建筑设计原理》中提出不同的意见,并引用李约瑟的看法加以推论:"肯定不能说中国没有石头适合建造类似欧洲和西亚那样的巨大建筑物,而只不过是将它们用之于陵墓结构、华表和纪念碑(在这些石作中经常模仿经典的木作大样),并且用来修筑道路上的行人道、院子和小径。"[10]李允鉌由此提出"自然环境、地理因素等客观条件并不是使用和发展木结构的基本原因。反过来说,中国并不是处处都盛产林木"[11]。

李允鉌同时质疑了李约瑟提出中国奴隶制度和中国建筑采用木结构有着密切联系:"也许对社会和经济条件加深一点认识会对事情弄明白一些,因为据知中国各个时期似乎未有过与之平行的西方文化所采用的奴隶制度形式,西方当时可在同一时候派出数以千计的人去担负石料工场的艰苦劳动。中国文化上绝对没有类如亚述或者埃及的巨大的雕刻'模式',它们反映出驱使大量的劳动力来运输巨大的石块作为建筑和雕塑之用。事实上似乎还没有过更甚于最早的万里长城的建筑者秦始皇的绝对统治,毫无疑问在古代或者中世纪的中国是可以动员很大的人力投入到劳役,但是那时中国建筑的基本性格已经完成,成为已经决定的事实。总之,木结构形式和缺乏大量奴隶之间多少是会有一些相连的关系的"[12]。李允鉌从郭沫若所著《奴隶时代》中找出"殷代无疑是有大量的奴隶存在的""殷人的王家奴隶是很多的,私家奴隶也不在少数"等类似的证据,并由此认为"社会制度和生产力也不是决定在房屋建筑上使用木结构的因素。中国古代统治者同样可以调动十分庞大的劳动力"[13]。

李允鉌认为一切客观条件影响之说大半都经不起认真地推敲,也都不能成为中国建筑采用木结构的真正理由,他的最终结论:"中国建筑之所以长期采用木框架混合结构主要原因就是一直都被确认为最合理的构造方式,是一种经过选择和考验而建立起来的技术标准。"[14] 至此,李允鉌逐步接近了真正的核心和原委,我认为只是接近,还可以继续深挖根源。

张家骥先生在《中国建筑论》中,就中国建筑木结构问题的提出进行了思考:"事实上,对这个建筑史上非常重要的问题，并未引起中国建筑史学界的重视，甚至未见有一篇专门研究这个问题的论文。在研究中国建筑的书籍里，也只是泛泛而论，且其说不一，可以说多是想当然的说法。正因为如此，中国建筑史学中存在着许多类似的想当然的问题，而无人提出疑问来。"[15]并对李允鉌首次明确提出中国建筑为何采用木结构的问题进行专题论述给予了高度的评价，但他同时也认为李允鉌并没有做出令人信服的答案。

张家骥着重总结并分析了以刘致平教授为主的自然条件说、以建筑师徐敬直为主的经济水平说、以英国学者李约瑟为主的社会制度说、以李允鉌为主的技术标准说，并举证了对采用木结构某一缘由并不认同的依据。遗憾的是，张家骥也并没有形成自己较为成熟且完整的认识。

在一定程度上，上述学者试图找到中国建筑采用木结构的切入口，共同特征是放在疑问的主体上，也就是放在为什么中国建筑采用木结构上，从中国建筑自身上寻找答案，自然会首先想到产生建筑的社会制度、自然条件、经济水平、技术发展等，这当然是研究特别需要关注的内容及路径。我们也可以把这个问题放在世界建筑体系中去衡量，假设我们从西方建筑体系中去思考，来举证西方建筑体系为什么是石结构而没有采用木结构，是否也可以成为认识中国建筑木结构问题的突破口呢？或者通过把东西方建筑的发源比较来认识这个问题。

先古人类发祥，首先是地理环境，要有相对温和的气候，容易获得食物，还要能保证自身的安全，在这些基本生存条件满足时，也一定有了可以栖身之地，躲避风吹日晒、严冬酷暑。可以想象的是，初始只是利用自然条件，山洞、树洞、地穴、鸟巢等（或许按照达尔文的进化论，成为人以前就已经成熟的利用自然栖息），可以产生遮蔽感的，都可作为栖息地。在这个过程中就有不断维护栖息地和逐渐模仿自然建立栖息地的可能。首先面对的是使用材料的问题，这一切既有自然地质的限制，又有偶然的最为便利的选择，可能山坡凿穴、可能挖土掘坑、可能树上垒枝、可能石块搭洞。而后续经验的累积，在选择淘汰中，在自然条件、地质、物资便利的允许下，各地域先民完成了选择的搭建，形成了共同的认识，也有了认知、美感、习惯、技术的基因。

西方建筑体系以埃及和西亚古代的建筑作为历史的前期，在地中海地区，沿海的东部山岭是石材构成，当然也不缺少林木和土质，但相比石材从长期性来说还是要少得多。在山岭地区，自然的洞穴肯定是先民建造模仿的首选，在使用材料的选择中，可想而知，只要能够使用的，也一定不会排斥，所以早期，即使是地中海地区也是离不开土和木材的。在使用中，石头和泥土作为建造物的围护结构相对适合，而木材作为顶盖显然更有利。

从维护结构材料自身而言，各具有优缺点，石材必须克服坚硬和笨重，加工（初期应该加工成分少）和整理都很费力费时，但石材的优点也很突出，耐久结实，不会因风雨侵蚀而很快倒塌；泥土建造虽然简易，但破坏也容易。

在材料的多少和优缺点的共同影响下，地中海地区人民逐渐选择了石材，或许是一个部落的选择，逐渐占了上风，影响了其他部落，于是流行开来。这既是自然条件的源起，也是在发展中不断形成了喜好、习惯，进而发展成对房屋建筑的认识观和认识基因，既有自然性也有社会性。事实上，类似的从自然性的偶然到社会性的必然，在世界其他不同区域也有出现，如在中国很多山区，大量的石头房屋也是自久存在的。需要注意的是，石头房子所在的区域都不是中国文明发源的核心区，或是很小的聚集地或是后世迁移，建造形式与地域的材料条件有关，但也是在尽力地模仿木构建筑，所以最终没能影响木构建筑形成主流。

我们再回到产生中国文明的黄河上游地区，在甘肃、陕西基本上是黄土堆积，即使是山也是多土，"上古穴居而野处"，从洞穴中走出的营建，当然是使用泥土，用木材解决顶盖也会成为必然的选择，于是"土"与"木"也就必然的结合发展，所以中国建筑传统上也叫土木营造。直到今天窑洞建筑及地穴建筑仍然存在，这也充分说明了上古对材料使用的选择，洞穴建筑对地质的要求更高，不符合的地域无法完成，这也是没有在其他地域形成辐射的原因。

中国不是缺少石头等自然条件，也不是相比较选择易于加工的技术，更不是没有大规模的人力进行石头营建，当然这些也都是后世的反证。房屋的产生不是在华夏全区域展开，而是在中国文明的发祥地，在上古一个特定时期，后续的所有条件影响，都无法改变初始建立的基因。

从上古先民开始栖息地营建的时候，对洞穴仿造最初使用的就是土木，这既是初始技术选择、初识的习惯，也是初始建造观，从初识的技术优先选择、初识习惯到社会意识，逐步发展成具有社会性的认识观、审美观、思想观，正是这些造就了中国建筑使用了木结构，这种深入骨髓的认识及意识一直延续到近代。所以，我们可以由此尝试得出上述这样的论断。

建于公元72年—80年间的罗马斗兽场

左右建筑的思想

中国古代把建筑仅仅看作是一种技术,就是"盖房子",并没有完整建立关于建筑研究的学术体系。关于建筑思想研究的专门著述,即使是包括关于建筑设计和施工建造的著作和书籍也寥寥可数。

我们所熟知的《考工记》《营造法式》《工程做法则例》,从本质上这三部书籍并不是建筑学术研究的专著,而是朝廷颁布的建筑制度规范,相当于现在的建筑规范和法规,另外有《木经》《鲁班经》等,这些基本是工匠的技术经验总结。李约瑟引用法国汉学家、敦煌学著名学者戴密微所言:"大概是由于儒家们认为从事建筑工作不是一个适合儒生的职业这一事实,所以中国文献中这方面的著作比较贫乏。"[16]

但这并不意味着,中国建筑思想理论的缺失。

相反,中国建筑思想多出于中国哲学思想体系,这也形成了中国建筑思想的复杂性。有关建筑思想的论述多不是讨论建筑自身的问题,而是借此来说明社会、政治、思想等意义,同时一些经典"经史群书"的思想,也多被引用说明有关建筑的依据。经典思想学说的观念既是古代中国行事、行为的指导思想，也是中国建筑思想的基础。

尤其是公元前5世纪至3世纪春秋战国至秦汉时期，这一时期是中国哲学思想体系、哲学思想观点重要的发展阶段，也是中国建筑思想的源流，不断地被后世引用、优化、发展，这正是中国建筑思想的特别之处。

中国古代思想学说源起社会科学，讨论的内容主要是社会政治、伦理道德等人与自然、人与社会、人与人之间关系的问题[17]。中国古代社会的大思想家，如孔孟老庄同时也是政治家、教育家、文学家，这与西方哲学有本质上的不同。西方哲学源起自然科学，是研究自然界运行规律的科学，人类的一切智慧包括天文、地理、物理、化学等都是哲学，西方古代的大哲学家如毕达哥拉斯、德谟克利特、亚里士多德等无不同时是自然科学家。

正是由于西方是自然哲学、科学哲学，中国是社会哲学、政治哲学，致使中国建筑思想和西方建筑思想在两个截然不同的路径上发展。中国哲学思想作为一种社会政治伦理的行为规范，重感性和直观，具有教化的特征或作用。中国建筑就是多家思想学说的集成，在各派思想学说中，但凡是可以作为指导建筑行为的思想，都会被后人引证为自己的建筑观点，用以支持自己的建筑认识和建筑行为选择。

长期以来，在各学派经典思想中对于建筑的认识一直有不同的观点，这种思想认识虽然本意讨论的是社会观点、社会伦理，但反映到后世的指导建筑思想上，也是一直左右着不同的建筑观。梳理中国建筑的思想，会发现中国建筑就是在不同思想学说的不同建筑观的矛盾、统一，互相进退中融汇、交织。

这其中以"卑宫室"与"高其台榭，美其宫室""大壮"直至"适形""中道"思想的博弈最为显著，这虽然是皇家宫室的社会伦理选择，但这种思想抉择进一步影响了无论是官式建筑还是民间建筑的整体价值判断，也就是奢侈与俭朴这种根本性路径的选择。

"卑宫室"最早出自孔子语："禹，吾无间然矣。菲饮食而致孝乎鬼神，恶衣服而致美乎黻冕；卑宫室而尽力乎沟洫。禹，吾无间然矣。"大概的意思是，孔子说他和大禹的观点没有什么不同，日常饮食要简单，但供奉给祖先神灵的却不能少；穿着要朴素，但不能少了表示身份的冠帽纹饰；居住的宫室建筑要卑微简陋一些，应当把财力、物力、人力放在供农业生产的水利工程上去。

在宫室建筑上的节俭思想，被后人作为帝王的仁义品德、治世之道加以强调和引用。一方面被帝王自身以用，作为自我彰显的需要；另一方面也是群臣从维护帝王品相及国运昌隆层面提出的，对帝王奢靡行为的限制。

史载汉文帝刘恒在位时，宫室苑囿几乎没有增加，凡是不利于百姓的事，就会舍弃废除。他曾想建造一个露台，召工匠来询问，答曰需要百金，汉文帝听后说，百金相当于中等百姓人家十户的财产，我受先帝的宫室，时时还担心使它蒙羞，还造露台干什么。汉文帝并遗诏要求给他修造陵墓时，全用瓦器，不得以金银铜锡装饰，依山凿洞，不专门掘地堆土起坟茔。

唐太宗贞观二年（628），夏秋之交天气湿热，有大臣上书想给有风湿的太宗造个阁楼居住，太宗引用汉文帝造露台的例子加以制止："昔汉文帝将起露台，而惜十家之产。朕德不逮于汉帝，而所费过之，岂谓为民父母之道也？"[18]昔日汉文帝想造露台，而不舍得花费相当于十户财产的金钱，我的品德还没能超过汉帝，怎能花费超过，这也不是为黎民百姓之父母的正道。

宋人王从的《清虚杂著补阙》和周密的《齐东野语》中，分别记载了宋太祖节俭的事情，司人奏报宫中寝殿内的梁需要更换，没有合适的木料，但有大枋可以截用，宋太祖批曰："截你爷头，截你娘头，别寻进来。"以大截小，以长截短，对于木料的使用往往被认为是不惜材，浪费木料。

节俭是历代帝王、官臣兴土木之事，都会着重在意是否体恤民生的事情。历代记载中由良臣劝谏，或由帝王自谦时，而语及"卑宫室"一语者，几乎不绝于史[19]。实质上，节俭并不是目的，仅就"卑宫室"的提出，以达到至高人伦道德的境界，不在于建筑自身，关键是彰显帝王应该自律节俭的仁义品德，实则是儒家提倡的"仁德"观念，是出于政治性与道德性的理念。

节俭是帝王的德行约束，而另一方面也并不是说帝王们不在意宫室的建设，不在意宫室的奢丽，往往帝王大兴土木之事的念头尤为活跃，奢华从来就是帝王的一种浓厚的意识。秦始皇修建阿房宫、骊山陵、长城、直道，都是耗费几十万人的大工程；后世帝王基本是一边节俭，一边建设，也总能找到奢丽的依据。

《管子》分别论述"故修宫室台榭，非丽其乐也，以平国策也""非高其台榭，美其宫室，则郡材不散""不饰宫室则材木不可胜用"。《易传·系辞下》中，"上古穴居而野处，后世圣人易之以宫室，上栋下宇，以待风雨，盖取诸大壮"。"大壮"就是说宫室应该建造得高大、坚固，以能抵风雨侵蚀。宫室还应当显示出宏大、壮丽，令人敬畏，体现统治者的威严和有别，这样才能威服臣民。

汉高祖八年（前199）前后，丞相萧何在后方动用大量的人力物力，大兴土木，在秦章台的基础上营建未央宫。未央宫位于长安城安门大街之西，故又称西宫，总面积大约有北京紫禁城的六倍之大。其总体布局呈长方形，四面筑有围墙。东西两墙各长2150米，南北两墙各长2250米，全宫面积约5平方千米，约占全城总面积的七分之一，较长乐宫稍小，但建筑本身的壮丽宏伟则有过之。刘邦平定韩王信返回，见到萧何支持营造的未央宫雄伟壮观，极尽奢华，很是生气，对萧何说："天下动荡纷乱，苦苦争战好几年，成败还不可确知，为什么要把宫殿修造得如此豪华壮美呢？"面对刘邦的指责，萧何答说："天下方未定，故可因遂就宫室。且夫天子以四海为家。非壮丽无以重威，且无令后世有以加也。"[20] 萧何说他把未央宫营造得如此雄伟奢华，是为了树立天子的威严，不让后世有超过的机会。既然有这样的说法，刘邦也就半推半就地接受，帝王的面子和里子都有了。

事实上，一直以来历代帝王都是在"卑宫室"与"高其台榭，美其宫室"，也就是节俭和奢丽之间矛盾着、角逐着，既要体现仁德，使自己具有约己于人、节俭仁义的崇高道德，又想奢华，体现至高无上的权力，非壮丽无以重威。而拿捏中间平衡点的，也就是中国另一传统思想"中道"。中道就是中庸之道，既要满足节俭，也不能失去了名分与权威，统治者终于在这个思想指导下找到了两全其美之说，就是中国建筑的"适形"论。

和孔子同时代的墨子很早就论述了宫室建筑应该节俭和适度的问题。"子墨子曰：古之民，未知为宫室时，就陵阜而居，穴而处，下润湿伤民，故圣王作为宫室。为宫室之法，曰室高足以辟润湿，边足以圉风寒，上足以待雪霜雨露，宫墙之高，足以别男女之礼，谨此则止。凡费财劳力，不加利者，不为也。"[21] 墨子的这句话一直以来被引为反对浪费、提倡节俭的意思，实质上墨子同样也提出了适合的意思。"曰室高足以辟润湿，边足以圉风寒，上足以待雪霜雨露，宫墙之高，足以别男女之礼"，墨子并不是从政治上的需要，而是从人的需要，也就是功能上提出了建筑要适合。

董仲舒也对宫室建筑的适合加以论证："高台多阳，广室多阴，远天地之和也，故圣人弗为，适中而已矣。"[22] 董仲舒的适中是从阴阳调和的角度来说明，人所居住的房屋，不宜过高也不宜过大，要保持空间的合宜。董仲舒的这一观点深刻影响了中国建筑，即使是帝王的日常起居之所也不是过大，几乎和普通居所的空间相当。

功能性的适合也逐渐被延伸到等级及身份的适合，帝王的宫室与官吏、普通百姓的居所都要符合其身份，拥有不一样的等级建筑，这样就有效控制了百姓营造过于高大的房屋，也符合了统治者可以名正言顺地建造宫室的实质诉求，用建筑来体现统治者的"治"和"威"。

至此，建筑在"卑宫室"与"高其台榭，美其宫室"之间，在节俭和奢丽之间，找到了"名正"的理念。宫室建筑思想同样影响着民间建筑，建筑要符合等级、身份的要求，符合就是"适形"。

中国思想文化主要是儒道释互补发展而来，道家和佛教历史上有过一定的影响，但其中占主导的是儒家文化，可以说中国社会的内部结构就是以儒家文化来构建的。儒家学说的核心是礼制，礼是中国人的一大创举，也是中国古代极其特殊的文化。"礼"是内涵非常广泛的文化范畴，不只是我们现在常说的文明礼貌，也不只是一种国家制度。礼是渗透在各种文化形态中的核心精神，也贯穿于古代社会生活所有领域的行为规范。中国古代以礼治国，国家制度、法律制度和一切社会规范都按照礼来制定。

公元前11世纪，周朝全面总结了夏、商以来的国家制度、社会秩序等思想制度，在此基础上形成了完备的国家礼仪制度，成为"礼"，作为封建家长制治国的方式。春秋战国群雄争霸，各国纷纷想按照自己的思想来治理国家，形成自己的制度，所以形成"百家争鸣"，产生了诸如儒家、道家、法家、墨家、兵家等思想流派，这些思想流派也被称为"诸子百家"。周代形成的以礼治国的局面全面瓦解，呈现"礼崩乐坏"的局面，儒家孔子倡导恢复周礼，周游列国游说，却屡屡受挫。秦代统一中国后，以法家思想治理国家，直到汉武帝采用董仲舒"罢黜百家，独尊儒术"之后，儒家思想成为中国贯穿两千多年的正统思想。

儒家思想中关于礼的典籍有《周礼》《仪礼》《礼记》《论语》，其中前三部也被称为"三礼"。《周礼》为三礼之首，也称《周官》，包括"天官冢宰、地官司徒、春官宗伯、夏官司马、秋官司寇、冬官司空"六篇，计有四十二卷。其中"冬官"一篇早已散佚，西汉时补以"考工记"，称为"冬官考工记"。冬官所辖百工，承担了营建事务。《周礼》是天、地、春、夏、秋、冬这六官所设分职的政典，也就是六个部门关于所辖事务的规章制度。《仪礼》的内容主要是阐述春秋战国时期士大夫阶层的礼仪和关系准则，也称为《礼》或《士礼》。《礼记》是战国至秦汉年间儒家学者解释说明《仪礼》的论文集，是一部儒家思想的资料汇编，作者不是一人，且在不同时间完成，其中多数篇章可能是孔子的七十二弟子及其学生们所撰写，也收有先秦的其他典籍。

《周礼》《仪礼》是对国家管理制度以及礼的制度性构建，对人的社会定位及行为规范进行了详细规定，涉及生活的各个方面，也包括都城、宫室的营建，诸侯、士大夫等的房屋也同样作为国家制度加以规定，而与人的礼仪活动所关联的建筑中的配置、方位、等级也有详细的记录。实质上礼是儒家的中心思想，礼也是一切活动的最高指导思想[23]和最为重要的原则，礼和建筑的关系也并不例外。

礼制直接影响到中国建筑的布局、形式和色彩等方面。中国建筑以主建筑为中，次要建筑在两侧，左右对称，众多的单体建筑有序地组成一组建筑群体。这些单体是以中心建筑为核心，布局有严格的方向性，等级分明，层次清晰，其组成的方式严格按照"尊卑有序、上下有分、内外有别"的礼制思想。纵向以北为上，东西为下；横向以左为上，以右为下，即"北屋为尊，两厢次之，倒座为宾"，居住方位是身份和地位的象征。建筑形式也都带有浓厚的礼制等级思想，对内外檐装修、屋顶瓦兽、梁枋彩绘、庭院摆设、室内陈设都有严格的限定。屋顶就分九级，其中以重檐庑殿顶级别最高，只有皇家和孔子殿堂才可以使用；其次为单檐庑殿、单檐歇山顶；再次是悬山顶、硬山顶等。对建筑物的装饰色彩也有礼制等级划分，总的来说，以黄色为尊，其下依次为赤、绿、青、蓝、黑、灰。宫殿用金、黄、赤色调，而民居只能用黑、灰、白为墙面及屋顶色调。

祭祀同样是礼制思想的重要表现形式，礼仪形式最初就是产生于祭祀中，祭祀所相关的建筑就必然是礼制所规定的重要内容。而祭祀最初产生于初民对自然界以及祖先的崇拜，主要内容就是自然大地、山川河流、社稷祖宗。祭祀作为崇高的礼制，每一种祭祀都有专门的建筑，也就是专门的礼制建筑，礼制建筑是中国独有的建筑形式。"筑高台露天而祭的叫坛,如天坛、地坛、社稷坛、先农坛;建屋以供奉的叫庙,如太庙、孔庙、五岳庙、家庙祠堂等。"[24] 祭祀是礼制习俗,祭祀建筑不是宗教建筑,祭祀之庙也和后期发展的宗教之庙有本质的不同,"这些祭祀建筑是国家体制、礼仪制度的象征"[25]。

中国建筑思想体系中另一个重要思想是阴阳五行与风水,风水是与中国建筑最为直接相关、最为特殊的一种思想、观念或理论。研究中国建筑无法绕开它开展,风水术又称山水、堪舆、地理、卜宅、阴阳、青乌等。

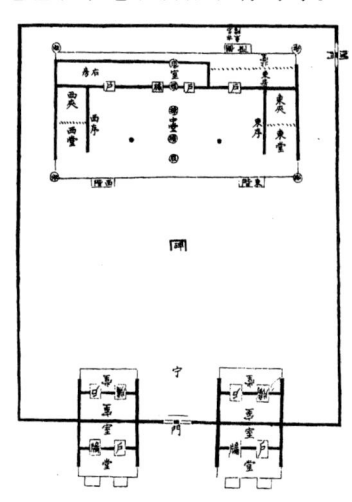

左:《仪礼·宫室》中的士大夫住宅《仪礼宫室图》
右:古代相地术《钦定书经图说》

它直接起源于中国古代哲学"气"的思想,最早出自晋人郭璞《葬书》谓:"气乘风则散,界水为止。古人聚之使不散,行之使有止,故谓之风水。风水之法,得水为上,藏风次之。"[26]其中提到了"气"的概念。

古代中国人分出两元对立的阴阳二气,先哲普遍认为,气无处不存在,气构成万物,气不断运动变化。任何状态、事理都可以用阴阳二气的相反相生、相互作用来解释。老子说:"万物负阴而抱阳,冲气以为和。"

而在原始儒学和原始道家之前,先民已经表现出很高的精神智慧,对世界本质和如何运行进行了思考,创立了关于宇宙和世界万物的三种思维模式,即远古时代的阴阳说、五行说、八卦说。到春秋战国时期,阴阳说、五行说、八卦说开始走向相互渗透和有机融合,出现思维共生现象,即所谓"阴阳五行""阴阳八卦"之说。

阴阳是世界的两极,世间万事万物都由阴阳相合而生成,同时任何事物也都有阴阳两个相辅相成的对立面[27],如天地、日月、大小、长短、上下、男女等。风水的重要问题正是处理好阴阳两种气,阴阳两种气必须调和,阴气过盛或阳气过旺都会造成不平衡。

在中国建筑中,阴阳五行的思想也有着在方位、数字、象征上等多种形式的表现。

空间方位南为阳、北为阴、东为阳、西为阴，五行中的木、火、金、水、土，分别对应五方中的东、南、西、北中，以及五色中的青、赤、白、黑、黄。而五方五色的思想演变成青龙、白虎、朱雀、玄武"四灵"，成为风水观念中选择地形朝向的吉祥象征。"四灵"各据一方，东方青龙，南方朱雀，西方白虎，北方玄武（形象是黑色的蛇缠绕着乌龟）。按照风水思想来选择居住环境，东有流水称之为青龙，西有长道称之为白虎，南有水池称之为朱雀，北有山丘称之为玄武，这为最佳环境[28]。当然，在自然环境不能满足要求的时候，可以适当地人为改变地形来适应。比如在聚落前开挖湖或水池，在后面堆山等。包括以地貌命名也是适应方位象征的内容，南京玄武湖（位于明代南京城之北）、玄武门（位于城北之门）、朱雀门（也有称丹凤门，城南之门）等都是在此影响下。

数字的阴阳关系，古代以奇数为阳，偶数为阴。阳数中九为最大、至尊之数，五为阳数的中间数，九、五结合，就是最为高贵、吉祥的象征，所以称皇帝为"九五至尊"。在建筑中，九也成为皇帝的专属数字，面阔九间进深五间、九级踏步、门钉九路等为皇家建筑专用。此外，中国建筑一般都是奇数开间，除了因为中轴对称的需要（当中间开门，如果偶数门就偏了），另外一个主要原因，就是奇数是阳数。

在阴阳五行的基础思想上，"加之东汉时候纬书盛行，糅杂了阴阳之说,气韵之说,以及巫术、谶纬之说,所谓风水术也应运而生"[29]。气、阴阳、五行这三者虽各有渊源,但一经合流便成为中国所特有的风水术,它也是客观感性的经验和主观唯心的意念相混杂、朴素的哲理与对超自然的迷惑相交织的结果。李约瑟在论述中国建筑的精神时说:"再没有其他地方表现的像中国人那样热心于体现他们伟大的设想'人不能离开自然'的原则,这个'人'并不是社会上可以分割出来的人。皇宫、庙宇等重大建筑物自然不在话下,城乡不论集中的,或者散布于田庄中的住宅也都经常地出现一种对'宇宙的图案'的感觉,以及作为方向、节令、风向和星宿的象征主义。"[30]

在人们的科学水平和认知世界的能力都非常低的历史时期,自然界中的"科学本质"相对于迷信来说更难让百姓发现和理解,人们希望以迷信来弥补心中的缺失,强化生存的信念,中国自古就有"宁可信其有,不可信其无"的说法。这种以"气"为本体、为基础的阴阳、五行、八卦思想对中国建筑产生了广泛而深刻的影响。

在中国传统城镇营建过程中,无论是经过规划设计的城市,还是自然生长的村落,其选址、布局,乃至对环境的改造,都与风水息息相关。风水运用之盛,时间之长,影响之深,在我国传统营建发展中始终都是首屈一指的,并一直延续到现代社会生活当中。风水中的吉凶观实际上反映了古代中国人的一种环境观，中国人几千年来一直都在追求理想的生存环境。无论是哲学的还是世俗的环境观，最终都体现在风水所笼罩的古文化载体上，从帝王将相至平民百姓莫不如此。

当然，风水的神秘色彩和表现形式存在很大的争议。有人认为，它凝聚着中国古代朴素的唯物主义哲学思想和审美科学，也有人认为其就是文化糟粕："自中古时代的唐以后，在儒家正统观念之外，风水理念渐生滋衍，并有日趋复杂荒诞之势……，使得晚近风水之术日益变得乌烟瘴气，已成附着于国人身上的文化糟粕，甚至文化毒瘤。"[31]

不管今天如何评价，它都是一个客观的存在。风水自发端至近代的千百年里，几乎所有的营建活动都是在它的指导、影响中开展的。今天不管是研究传统建筑，还是建筑遗产的保护，都不能绕开"风水"，我们需要从历史观的角度，对曾经发生过的历史和场景予以陈述和分析。

1. 张驭寰，中国古建筑答问记.北京：清华大学出版社，2012：1
2. 陈明达，陈明达古建筑与雕塑史论.北京：文物出版社，1998：88
3. 李允鉌，中国古典建筑设计原理.天津：天津大学出版社，2005：12
4. 孙大章，中国古代建筑小史.北京：清华大学出版社，2016：3
5. 李允鉌，中国古典建筑设计原理.天津：天津大学出版社，2005：13
6.【日】伊东忠太，中国建筑史.长沙：湖南大学出版社，2014：3
7.【英】李约瑟，中国科学技术史（第四卷第三分册 土木工程及航海技术）.北京：科学出版社，2008：126
8. 梁思成，梁思成全集（第四卷）.北京：中国建筑工业出版社，2001：14
9. 刘致平，中国建筑类型及结构.北京：建筑工程出版社，1957：22
10.【英】李约瑟，中国科学技术史（第四卷第三分册 土木工程及航海技术）.北京：科学出版社，2008：90
11. 李允鉌，中国古典建筑设计原理.天津：天津大学出版社，2005：29
12.【英】李约瑟，中国科学技术史（第四卷第三分册 土木工程及航海技术）.北京：科学出版社，2008：12
13. 李允鉌，中国古典建筑设计原理.天津：天津大学出版社，2005：30
14. 李允鉌，中国古典建筑设计原理.天津：天津大学出版社，2005：31
15. 张家骥，中国建筑论.太原：山西人民出版社，2003：31
16.【英】李约瑟，中国科学技术史（第四卷第三分册 土木工程及航海技术）.北京：科学出版社，2008：87
17. 柳肃，营建的文明——中国传统文化与传统建筑.北京：清华大学出版社，2014：49
18. 吴兢，贞观政要.郑州：中州古籍出版社，2005：26
19. 王贵祥，中国古代人居理念与建筑原则.北京：中国建筑工业出版社，2015：13
20. 许嘉璐、安秋平，二十四史全译.北京：汉语大词典出版社，2004：138
21.【战国】墨翟.墨子.卷1：辞过第六

22.【西汉】董仲舒.春秋繁露.卷17：循天之道第七十七
23. 李允鉌,中国古典建筑设计原理.天津：天津大学出版社,2005：42
24. 柳肃,礼制与建筑.北京：中国建筑工业出版社,2015：14
25. 柳肃,礼制与建筑.北京：中国建筑工业出版社,2015：14
26.【晋】郭璞.葬书·外篇
27. 柳肃,营建的文明——中国传统文化与传统建筑.北京：清华大学出版社,
    2014：81
28. 柳肃,营建的文明——中国传统文化与传统建筑.北京：清华大学出版社,
    2014：81
29. 王贵祥,中国古代人居理念与建筑原则.北京：中国建筑工业出版社,2015：177
30. 李允鉌,中国古典建筑设计原理.天津：天津大学出版社,2005：42
31. 王贵祥,中国古代人居理念与建筑原则.北京：中国建筑工业出版社,2015：177

第二章 建筑的历史

建筑历史的分期

虽然本书着重于对中国木构古建筑的认知和讨论，但欲想深入了解，不得不对中国古建筑的全貌及发展有基本的认识。自梁思成、刘敦桢先生等于20世纪20年代开创中国建筑史学科，对中国建筑全貌的认知才走上科学发展的道路。梁思成先生的《中国建筑史》、刘敦桢先生《中国古代建筑史》对中国建筑史分期作了开山的研究，随后至今的几十年里中国古建筑的研究取得了快速的发展，但对古建筑的分期和类型研究鲜有大的突破，仅仅是在两位先行者基础上的进一步探索。李允鉌先生说："中国建筑在发展过程中变化得十分缓慢，实在是难于对之分期断代。有人做过这件工作，但没有详细提出划分的根据。"[1]诚然中国建筑史的分期十分模糊，但为更好地理解中国古建筑历史的发展，这必定是回避不了的问题。这里，我们把主要的分期观点作对比，以便了解比较。

梁思成先生把清代以前的中国建筑历史分为了六个阶段[2]：

1. 上古或原始时期（前200年以前）

在这个时期，梁先生提出文献与实物都很缺乏，在殷商以前实物可考的更少，同时认为秦代历史较短，也归属到这个时期。

2. 两汉时期（前204—公元220）

两汉遗留的文献关于建筑的相关记载相对丰富，实物遗存比较少，但有大量的墓记、石刻、明器、墓室等来一窥此前建筑的发展。

3. 魏晋南北朝时期（220—590）

魏晋南北朝时期建筑发展进入一个重要的时期，宫殿建筑大量建造，另外随着佛教的传入，建造了大量的佛寺，现在遗存的石窟寺和佛塔，都是这个时期较为重要的建筑。

4. 隋唐时期（590—906）

隋唐时期城市和宫殿建设空前高涨，达到了中国建筑历史发展的一个高峰。这一时期遗存了木构佛殿、砖石塔、石窟寺、壁画等很多重要的遗迹，这些都可以使我们较好地了解隋唐建筑的发展。

5. 五代和宋辽金时期（906—1280）

五代和宋辽金时期，建筑整体风格呈现繁丽、细致的转变，从宋中叶之后更加走向纤弱清丽。这一时期建立了繁华的城市，也建造了大量宫殿，因战争不断，几乎没有什么遗留，现在我们能看到的多为考古发掘的遗址。但这一时期遗存了大量的塔幢以及木结构实例，尤其木构建筑遗存比较丰富。更为关键的是，《营造法式》建筑著述在此期间问世，自此我们对古建筑才得以深入、全面地了解。

6.元明清时期（1280—1912）

元明清时期时间较长，建筑整体式样和上代差别不大，多数延循原制。这一时期城市和宫殿建筑规模十分宏大，后期一些建筑受西方外来文化的影响。

刘敦桢先生对中国古代建筑的发展分期，在结构上和梁先生大致一样[3]：

（1）上古三代时期；

（2）战国、秦汉时期；

（3）两晋、南北朝时期；

（4）隋唐时期；

（5）宋辽金时期；

（6）元明清时期。

傅熹年先生在其《中国古代建筑概说》中认为，中国古建筑活动在七千年有实物可考的发展过程中，可以分为新石器时代、夏商周、秦汉至南北朝、隋唐至金、元明清等五个阶段，这五个阶段对应的是中国古代建筑体系的萌芽、初步成形、基本定型、成熟鼎盛、持续发展、渐趋衰落的过程[4]。同时傅熹年先生还认为对应汉、唐、明三代在中国历史上的强盛统一，这三代在建筑发展上的成绩也是非常突出的，在规模、技术、艺术风貌上都取得了巨大的成就。

孙大章先生根据中国古建筑自身的特点和规律，以及结合社会史分期的办法，把中国古建筑的发展分为五个历史阶段[5]：

1. 原始社会（60万年以前—前21世纪）

这一时期经过了漫长的发展过程，是建筑的萌芽时期，从洞居、巢居逐步形成在地面上的居住建筑，在不同地区出现了不同结构的房子，并形成原始村落。

2. 奴隶社会（前21世纪—前476年，夏、商、周、春秋）

从夏代开始中国进入了财产私有、王位世袭、大量使用奴隶劳动的阶级社会，开始动用大量劳动力修建城郭、宫室等建筑，土木工程成为巨大建筑的代名词，宫殿建筑已经有了一定的建筑制度，彩绘和雕刻已经用来美化建筑。

3. 封建社会早期（前475—公元581，战国、秦汉、三国两晋南北朝）

这一时期中国封建社会初步形成新的生产关系，社会也经由了第一次大统一和分裂，生产工具至汉代已经由铁器完全取代青铜器。木构架建筑形成初级形态，高台建筑在战国广泛流行，汉画像、壁画、石窟上留下了诸多建筑形象。

4. 封建社会中期（587—1368，隋唐、宋辽金元）

封建社会在此时期进入第二次大统一和其后的分裂中，封建生产关系也得到了进一步调整，建筑技术更为成熟，木结构建造体系也已经非常成熟,这一时期遗留下非常多的建筑实物,成为研究古建筑的例证。

5. 封建社会晚期(1368—1840, 明清)

这时期农业、手工业达到封建社会的最高水平,也实现了封建社会最后一次大一统的局面,是多民族国家进一步融合发展的阶段,在建筑技术和艺术普遍发展的基础上,造园艺术取得突出成绩。

潘谷西先生在其主编的《中国建筑史》中采用了和孙大章先生几近相同的断代划分,唯一区别的是潘先生将元代归于封建社会晚期[6]。

李允鉌先生在《华夏意匠》中不但提出了分期断代的困惑,也列举了"一些人的看法"[7],并与西方建筑做了同期比较:

1. 创立时期:周代至春秋战国时代(前11世纪—前3世纪),相当于古埃及、西亚及希腊建筑时期。

2. 成熟时期:秦汉时代(前3世纪—公元3世纪),相当于希腊及罗马时期。

3. 融会时期:融会外来文化的魏晋南北朝时期(3世纪—6世纪),相当于欧洲早期基督教、拜占庭建筑时期。

4. 全盛时期:隋唐时代(6世纪—10世纪),相当于欧洲拜占庭、罗马纳斯克及早期哥特式时期。

5. 延续时期：宋辽金元时代（10世纪—14世纪），相当于欧洲哥特式建筑时期。

6. 停滞时期：明清时代（14世纪—19世纪），相当于欧洲文艺复兴建筑以及其后产生的各种形式的时期。

从以上不同的古建筑历史断代、划分时期可以看出，总的分期方式可以归纳为按照中国古代社会发展史，即原始社会，奴隶社会，封建社会前、中、后期的社会形态和政治进程来对中国古建筑进行框架分期；按照建筑自身发展规律，即萌芽、初步形成、基本定型、繁荣昌盛、延续发展、渐趋衰落来对中国古建筑进行分期。两种分期方式都是基于编年体的分期方式，完整地描述出中国古建筑随着社会政治、经济、文化的进程，所呈现出的建筑的发展状态，能够较好地对古建筑历史演变进行把握，但这种分期方式同时也存在着"忽视建筑的自身发展与社会发展的差异与不同步，忽视建筑在时空上的滞后性"[8]。按照社会发展史确定的古建筑分期，由于建筑和社会的发展并不同步，所以无法也不能完全揭示建筑内在的发展规律和变革的凸显点，而建筑自身作为一种物质实体和文化，也无法用社会史进行全面概括。

正是由于中国古建筑一脉的延续性和中国古建筑并不如西方建筑那样具有非常明确的时代转型、时代样式，即使按照建筑发展的逻辑规律进行划分，也并不是那么容易，正如同李允鉌先生所言："就目前来说，对于中国建筑史的断代或者做时期上的划分似乎还为时过早，实际上仍须作更多的比较分析，待更多的史料出现后才能展开这些问题的研究，一时是不容易做出合乎实际的结论。"[9]

但这也并不意味着，我们可以回避这个问题，想对中国古建筑有全面地认识和把握，这应该是首先要面对的。基于此，本章还是想在几位先生所作分期的基础上，按照编年史的线索结合古建筑自身成长及发展逻辑，做个全面梳理，在分期划分上不做学理性纠结，认同目前学界所认识的中国古建筑成长、成熟、衰落期，以求完整地呈现古建筑自古到今的发展进程。

创立：史前远古

原始社会（约60万年前—4000多年前）

原始社会大概经历了原始人群、母系氏族社会、父系氏族社会三个发展阶段，使用的生产工具经过了旧石器（打制石器）、新石器（磨制石器）两个时期。

韩非著的《五蠹》记述："上古之世，人民少而禽兽众，人民不胜禽兽虫蛇。有圣人作，构木为巢以避群害，而民悦之，使王天下，号之曰有巢氏。"《墨子·辞过》记载："古之民，未知为宫室时，就陵阜而居，穴而处，下润湿伤民，故圣王作为宫室。"《礼记·礼运》记载："昔者先王未有宫室，冬则居营窟，夏则居橧巢。"从这些古代文献记载的传说中，我们得知上古人可能居住在洞穴或树上。在考古发现中，这些文献传说得到了一定的印证，北京猿人居住洞穴及其他各地原始人居住洞穴的发现，说明居住在天然岩洞是此时期人类较为普遍的居住方式。

因为树上巢居并不能如天然岩洞那样保存至今，我们认为早期人类的巢居是可能存在的。居住形式为穴居（自然洞穴或模仿动物居穴用简易工具挖搭的洞穴）或巢居（包括树上和地上的棚窝），也被认为是人类建筑最初出现的两个基本形态。

在这两种基本建筑形态的基础上，逐渐形成了南方温润潮湿的长江流域，从巢居到干阑式建筑的转变；北方多土的黄河中下游区域，从穴居到木骨泥墙建筑的转变。这两个转变过程是极其漫长的，发展也是极其缓慢的。巢居到干阑式建筑大概经历了从独木橧巢到多木橧巢，到桩式干阑，再到柱式干阑，直至架空地板的穿斗式地面房屋；穴居大概经历了从横穴到半横穴，到竖穴、半穴，到直壁半穴，再到地面建筑，直至木骨泥墙的分室建筑[10]。这些仅仅还是在很少例证材料下的推断。

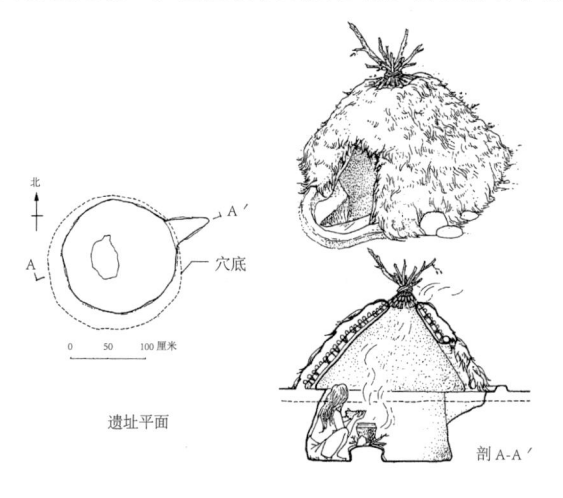

河南洛阳涧西孙旗屯遗址袋形半穴居复原推测

·建筑的历史· 047

原始早期地面住房复原推测

直至大约六七千年前，我国大部分地区已经进入氏族社会。这个转变的结果才从不断发现的遗址、遗迹中得到例证，也就是说我们在原始社会新石器后期的相关遗址中发现了演变后期的结果。

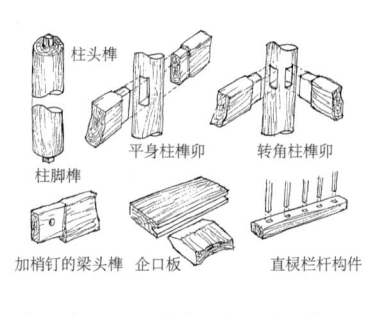

柱头榫
平身柱榫卯　转角柱榫卯
柱脚榫
加梢钉的梁头榫　企口板　直棂栏杆构件

浙江余姚河姆渡遗址木构件卯榫

距今约7000~5000年前（约前5000—前3300）河姆渡文化。典型的建筑遗址是浙江余姚河姆渡遗址，是最早采用卯榫技术构筑木结构房屋的实例，挖掘出柱、梁、板等带有卯榫的木建筑构件，推测是一座长条形、大体量的干阑式建筑。

距今约7000~5000年（约前5000—前3000）仰韶文化。比较典型的建筑遗址有姜寨遗址、半坡遗址。

约公元前4600—前4400年的陕西临潼姜寨仰韶文化村落遗址，呈现出五组住房组成的居住区，每组都以一个大房子为核心，其他较小的房屋围绕大房子做周圈布置，反映了氏族公社生活的状况。

约公元前4700—前4000年陕西西安半坡村仰韶文化遗址，居住区由人工壕沟围绕，区内被1条小沟分为2片，每片中心有1座大房子，周围是小居室，房屋形制有半地穴式和地面建筑两种。

　　从营造技术上看，仰韶文化后期建筑已经从半穴居进展到地面建筑，并已有分隔为几个房间的房屋。房屋的平面有长方形和圆形，为木骨架涂泥墙。室内墙面使用细泥涂抹或烧烤地面，使之硬化平整，到末期，柱子排列整齐，木构架和外墙分工明确，木构建筑建造技术达到一个新的高度[11]。

　　距今约6500~4500年前（约前4500—前2500）大汶口文化。发现的建筑遗迹不多，典型的有中晚期的山东省诸城市呈子遗址、江苏省邳州市大墩子遗址、安徽蒙城尉迟寺遗址等。

　　距今约4500~4000年前（前2500—前2000）龙山文

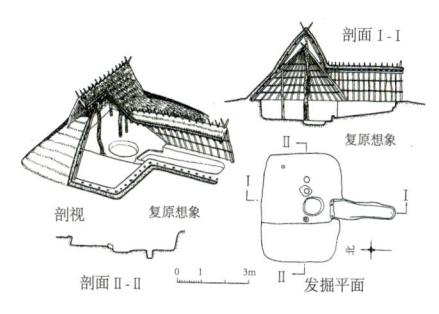

西安半坡原始社会方形住房复原推测

上：山东章丘城子崖新石器遗址发掘现场
中、下：安徽蒙城尉迟寺遗址现状

化。主要建筑遗址有西安客省庄遗址、河南安阳后岗遗址、山西襄汾陶寺遗址等。

西安客省庄遗址发现有双室相连的套间式半穴居，平面呈"吕"字形，有内室和外室之分。

安阳后岗遗址发现地面有房址，为地面建筑，房基用夯土构成，墙体用坯或木骨泥墙，室内墙面用白灰抹面，柱下有石础。

山西襄汾陶寺遗址出现白灰墙上刻画的图案，或为已知最为古老的室内装饰。

同期，在北方发现有石块砌成的圆形小屋，推测可能是祭祀的房屋。

安徽蒙城尉迟寺遗址居住村落推测

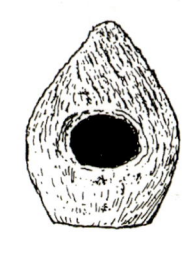

左上、右上：原始社会居住村落推测
下：我国出土的新石器时代的陶屋模型

夏商周（约前 21 世纪—前 771 年）

夏（约前 2070—前 1600）。公元前 21 世纪，夏朝建立，自此中国进入奴隶社会，财产私有，王位世袭。古文献中虽然记载有夏朝的史实，但在考古发现中，夏朝的存在一直有很大的争议。河南省洛阳市偃师二里头遗址被认为是理清夏文华的关键。在这里发现了中国最早的宫城，中轴线布局的宫室建筑群、工作坊区等，其中一号宫殿面阔达 8 间，各间相对统一，柱列整齐，周围有回廊，南向有门。

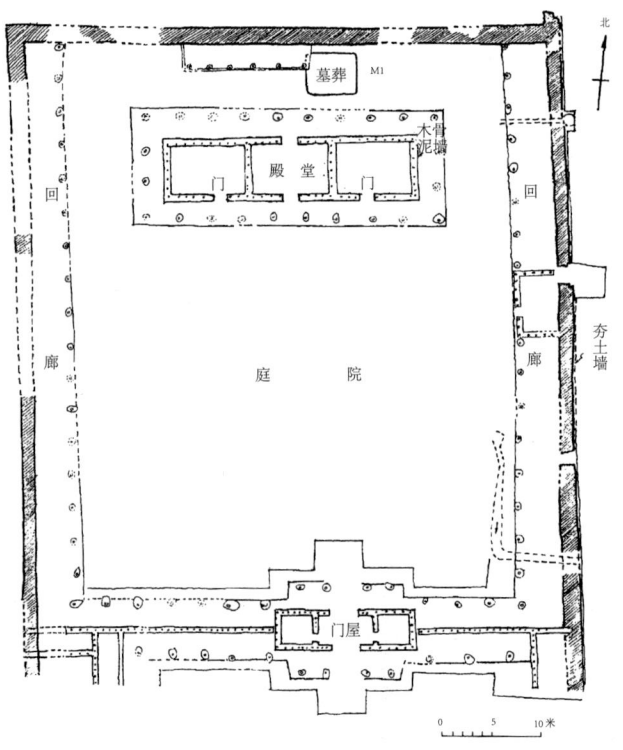

河南洛阳偃师二里头遗址夏代宫殿发掘平面图

商（约前1600—约前1046）。商代已经进入奴隶社会的成熟阶段，石器工具已被青铜器所替代。殷墟甲骨文的发现，使我们有了明确的文字记载。商代国都建有高大城墙的城池，有大规模的宫殿群，另有苑囿、台池等，夯土和版筑技术在当时得以使用。商代比较有代表性的建筑遗址有郑州商城、河南偃师尸沟乡商城（位于二里头遗址东5000米，有专家认为是商灭夏后建立的都城亳）、河南安阳小屯殷墟、湖北黄陂县（今黄陂区）盘龙商城等。其中，偃师尸沟乡商城发现的庭院式建筑的主宫殿，长达90米，是迄今所知最宏大的早商单体建筑遗址。

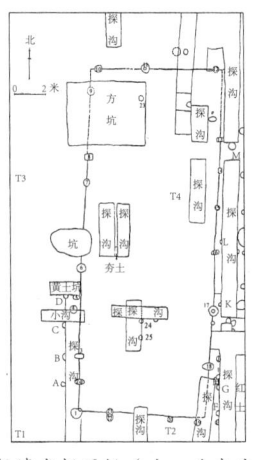

左：民国十八年（1929）春，河南安阳殷墟发掘现场（左一为李济）
右：河南安阳殷墟商宫遗址发掘基地平面图

左：河南安阳殷墟商宫推测模型
右：河南安阳殷墟商宫复造建筑

西周（前1046—前771）。周灭商，实行分封制，在各地建立诸多王族贵族的诸侯国，建筑活动比前代更多。西周的都城在丰、镐，位于西安西南沣河的两岸。丰、镐的平面布局，虽然考古上尚未完全证实，但文献记载的却十分具体。《周礼·考工记》记载："匠人营国，方九里，旁三门；国中九经九纬，经涂九轨；左祖右社，面朝后市，市朝一夫。"这也是对中国城市平面布局的最早记载。

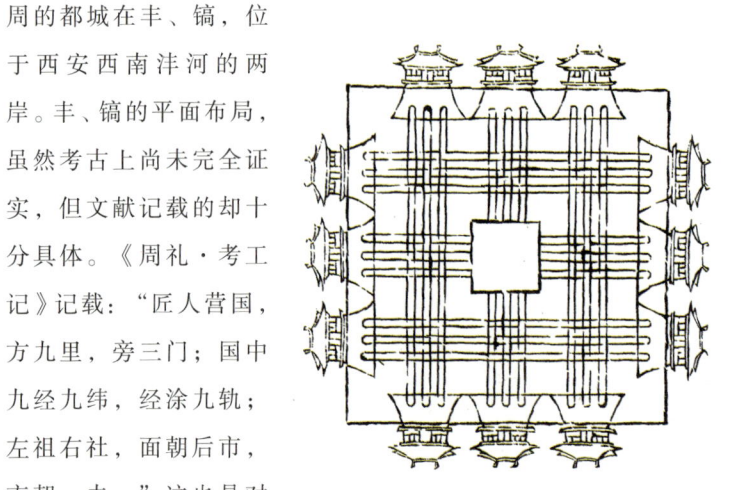

《三礼图》中的周王城图

西周有代表性的建筑遗址有陕西岐山凤雏村早周遗址、湖北蕲春干阑式木构建筑遗址、陕西扶风召陈遗址。西周开始制作使用陶瓦，同期也发现使用铺地方砖和夯土墙或土坯墙用三合土（白灰、沙、黄泥）抹面，表面平整光滑[12]，木构架承重、院落式布局在西周已基本形成[13]。在西周青铜器上已出现了柱间用阑额、柱上用斗的形象，这也被认为是已知最早的斗栱形式。

令殷　　　兽足方鬲　　　西周青铜器上表现的建筑构件

春秋战国（前770—前221）

春秋（前770—前476）。周王室逐渐衰微，封建生产关系开始出现，使用铁器和耕牛，相传鲁班就是生活在此时期。这一时期分封国都城有大小两个城，大城居住，小城为宫殿，基于方格集中封闭居住的"里"、定时开闭的商业区"市"已经出现，晚上实行"宵禁"。

春秋时期有代表性的建筑遗址有山西侯马晋故都、河南洛阳东周故城、陕西凤翔秦雍城、湖北江陵楚郢都等。均有使用瓦当、筒瓦、板瓦等，其中在凤翔秦雍城还发现青灰色、表面坚硬、带有纹饰的空心砖；侯马晋故都发现有夯土台，用于政治、军事、生活享乐的高台宫室（以阶梯形夯土台逐层提升，建二层以上的建筑也称台榭）已经出现。《论语》记述："臧文仲居蔡，山节藻梲，何如其知也"；《穀梁传·庄公》："秋，丹桓宫楹。礼，天子诸侯黝垩，大夫仓，士黈。丹楹，非礼也"、"刻其桷，非礼也"。"山节藻梲"为斗上画山，梁上短柱画藻纹；"丹楹"就是涂刷红色的柱子、"刻桷"为刻椽。可见，建筑装饰和色彩此期都已经有了一定的发展。

战国（前475—前221）。这时期农业、手工业、商业更为发展；铁制工具的广泛应用，促进了建筑技术的发展。宫室使用模制带有纹饰的地面砖和瓦当，地面及踏步铺设空心砖，地面用朱色粉饰表面，墙壁素白绘有壁画。出现了很多规模较大的都城，尤其是战国七雄统治据点的都城齐都临淄（山东临淄）、赵都邯郸（河北邯郸）、楚都鄢郢（湖北荆州）、魏都大梁（河南开封）、燕都蓟（北京房山）、韩都新郑（河南新郑）、秦都咸阳（陕西咸阳）。

目前，明确发现具有代表性战国城市建筑的遗址，有山东临淄齐古都遗址、河北邯郸赵国都城遗址、河北易县燕下都遗址、陕西咸阳秦国咸阳宫遗址、河北平山中山古城遗址等。邯郸赵国都城遗址有高台建筑十多座，说明战国高台建筑仍然很盛行，并有采暖及排水装置。中山古城遗址发现标有尺寸的陵园图铜板，似为建筑规划图，也表明当时已按图施工。

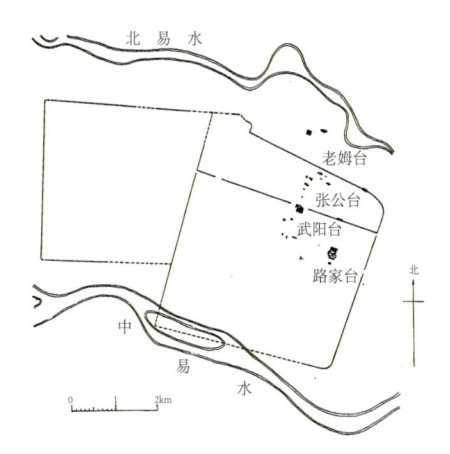

上：河北易县燕下都城遗址及建筑遗址实测图
下：河北邯郸赵国都城遗址现状

河北邯郸赵国都城遗址现状

成熟：秦汉及三国

秦（前221—前206）。秦代虽然短暂，但统一六国后，国力强盛，修驰道通达全国，筑长城以御匈奴，仿六国宫殿于咸阳，在渭水南岸建新宫，建筑规模空前，也使各地的建筑建造得到了交流、融合及发展。

主要建筑遗址有著名的阿房宫遗址、秦始皇陵、秦长城遗址等，阿房宫遗址、秦始皇陵现均未发掘完。阿房宫遗址留下的夯土台规模宏大，疑为未完成的宫殿；秦始皇陵出土了大量的纹饰砖瓦石以及带有云气纹的青铜门楣、石雕下水道等建筑构件。

汉（前206—公元220）。汉代的统治达四百余年，也是继秦以后第二个强大的封建王朝，汉代分为西汉、东汉两个阶段。西汉自高祖刘邦开国，经13世，共214年（前206—公元8）；东汉由

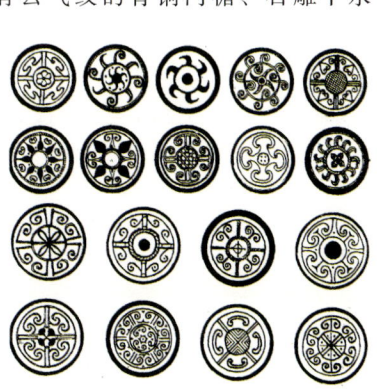

秦代瓦当

汉宗室刘秀推翻王莽取代西汉所建仅存15年的新朝，恢复汉统，经13代，共196年（25—220）。

汉代的建筑技术和艺术水平，已经达到了一个很高的境地，这是和当时类型众多与数量巨大的长期建筑实践分不开的[14]。汉代的木构建筑没有遗存，但从汉代墓葬、画像石砖、壁画和建筑遗址发掘中，仍可以较好地了解到大量信息。

梁柱、穿斗、干阑、井干等四种基本建筑形式汉代已经存在，木梁柱架构在当时普遍使用，屋面形式有单坡顶、两坡悬山顶、攒尖顶、囤顶及四阿顶，四阿顶多用于较为高等

望楼 山东高唐汉墓明器　　望楼 河北望都汉墓明器　　望楼 河南陕县汉墓明器　　阙 四川成都画像砖

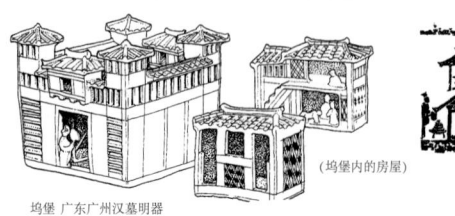

坞堡 广东广州汉墓明器　　（坞堡内的房屋）　　建筑组群 江苏睢宁画像石

画像石、明器等中的汉代建筑形象

级的建筑[15]。从现存陶屋明器及石阙上看，采用四阿顶是由于当时的建筑平面多呈正方形，斜脊为45度相交，故未能使用推山的形式；屋面采用上下两层套叠，现存汉代陶楼屋脊端鸱尾形象和后世唐代建筑几近相同。汉代房间的开间有奇数开间和偶数开间，宫室及居住建筑一般奇数开间居多，而墓葬建筑和祭祀建筑则多用偶数开间。

汉代斗栱已有明确的使用，除见于汉墓和汉阙中，在汉代画像石砖、壁画及文献中也有大量的描绘，反映出汉代的斗栱类型十分丰富。从早期栌斗上层叠枋木的实叠层栱，到将层叠枋木转为间隔有空隙的方木块，小方木块就成为早期的小斗形式，栌斗及小斗和后世斗相比，无斗身和斗欹。斗栱多为一斗两升和一斗三升的形象，后期以一斗三升居多，未见有出挑形象，多用檐下斗栱和平座斗栱。汉代木柱梁结构已较为成熟，柱式较为整齐，柱下有高于地面的柱础，在角部用双柱。班固在《西都赋》中有记"抗应龙之虹梁"，虹梁即是曲梁，虽没有实物例证，但说明除直梁外，汉代曲梁也从装饰的作用出发得以使用。

汉代主要的城市建筑遗址有汉长安城遗址。汉长安城遗址城垣建于惠帝刘盈元年（前194），但其主要宫殿长乐宫、未央宫却始建于高祖刘邦，这种先建宫殿后建都城的方式，在古代较为少见[16]。汉长安城每面三门，城内另有明光宫、桂

·中国木构古建筑·

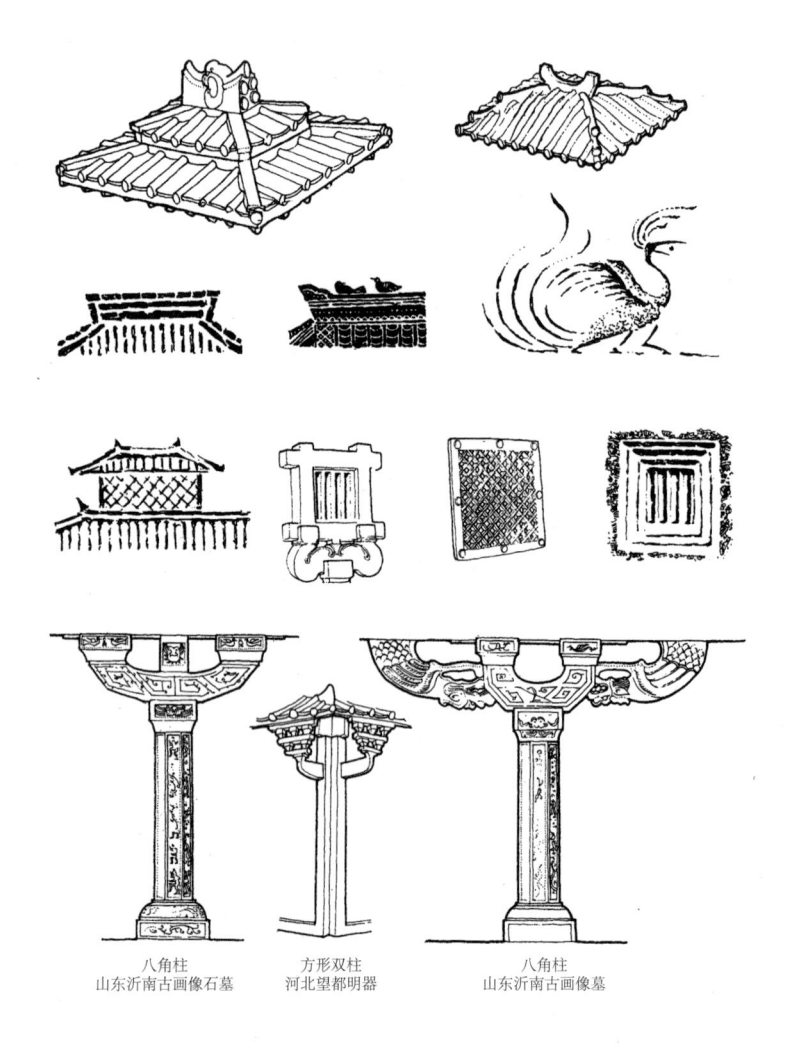

八角柱
山东沂南古画像石墓

方形双柱
河北望都明器

八角柱
山东沂南古画像墓

汉代建筑细部

宫、北宫，城西垣外另建有建章宫，与御苑上林苑相接。长安城南郊建有祭祀建筑明堂、辟雍、太庙等，明堂辟雍按照"天圆地方"格局所建，为此类建筑的最早发现。汉代洛阳城在西汉称东都，是汉长安城的陪都；东汉洛阳城取代长安城，成为都城，宫殿区在城的西北，分为南宫和北宫。汉代比较突出的城市建筑遗址另有邺城遗址，邺城是汉末曹操的封地，城区有贯穿东西的大道，把城市划分为南北两区，北区中央为宫殿所在，南区为整齐的街区，面向宫殿大道有官司衙署，这种功能集中的城市格局，对后世城市建设产生了一定的影响。

汉代住宅建筑同样没有遗存，其建筑形象也只能从遗址、文献、画像石砖、墓葬、石阙等反映出的信息去推断。较为集中及有代表性的汉代村庄遗址有内黄县三里庄汉代村

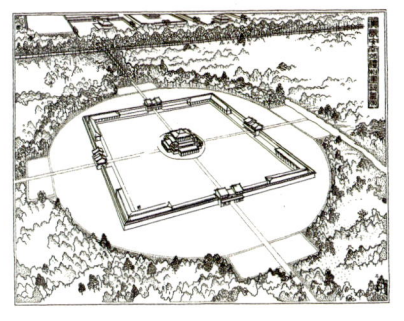

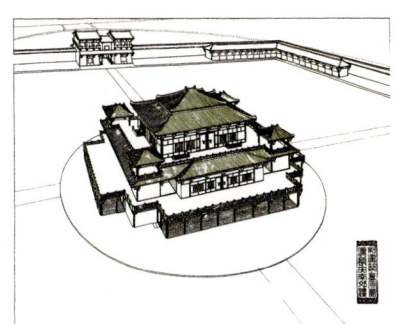

汉长安礼制建筑复原图

落遗址。遗址较为完整，推测为黄河洪水泛滥把村庄淹没后遗留。汉代帝后陵墓，西汉主要集中在长安及渭水北岸的丘陵地带以及长安城东南，另有栎阳（陕西临潼区城北30千米）太上皇万年陵；东汉主要在洛阳东南及西北郊，另有末主献帝刘协禅陵在洛阳北150千米的浊鹿城。王侯墓葬有徐州北洞山、龟山、白集、狮子山汉墓，沂南汉墓及河北满城汉墓等。汉阙遗存分布以四川为多，较为突出的有雅安高颐墓阙，渠县冯焕阙、沈府君墓阙，绵阳平阳府君阙、梓潼李业阙等，重庆忠县乌杨阙、丁房阙、无铭阙。山东有济宁市嘉祥武氏阙及平邑县皇圣卿阙、功曹阙，河南有登封县（今登封市）太室阙、少室阙、启母阙。墓葬建筑有一

上：山东孝堂山郭氏石祠堂
中：河北内黄县三里庄汉代村落遗址
下：河北内黄县三里庄汉代村落遗址水井遗迹

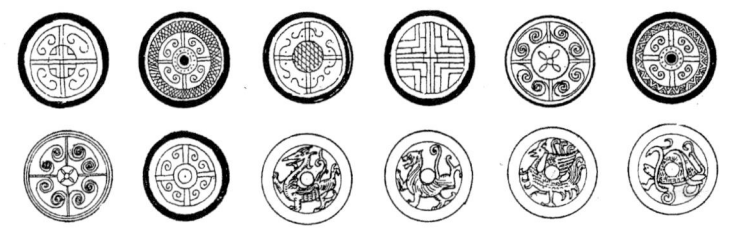

汉代瓦当纹样

现存地面石祠遗存——山东孝堂山郭氏祠堂,为汉代建筑较好的孤证。

虽然佛教于东汉末年已传至洛阳,但几乎没有留下佛教建筑及与建筑相关的例证。相关文献对佛教建筑的记述有:东汉明帝十年(67),天竺僧人摄摩腾、竺法兰在洛阳雍门外建白马寺(现白马寺为后毁重建);东汉末年笮融在徐州下邳建佛屠祠。此外,佛教石刻有连云港孔望山摩崖造像。

三国(220—280)。东汉末年,爆发黄巾军起义,各地豪强争斗,中国陷入军阀割据与分裂的动荡期。220年曹操之子曹丕取代汉称帝建魏,221年刘备称帝建蜀,222年孙权称帝建吴,形成魏、蜀、吴三国鼎立。自220年曹丕建魏至280年吴被西晋灭的61年,史称"三国时期"。三国政权在220年以前作为强大的政治势力,已经开始王都营建的活动。

196年曹操统一北方建许昌,204年得邺城改建为王都,208年孙权建建业,这些可视为三国建筑。三国建筑既是汉代建筑的衰落期,又是后朝的起始。

三国建筑遗留几近不存,从史籍文献中可知,各国建的主要城市有曹魏邺城、曹魏许昌城、魏晋洛阳城、蜀汉成都城、孙吴建业城,近年发掘了曹魏邺城、魏晋洛阳城遗迹。邺城在河南安阳西北,汉献帝建安九年(204),曹操攻取邺城,以原城为基础开始营建,220年曹丕定都洛阳,邺城定为陪都,曹魏前后在邺城经营、建设了17年。邺城遗址大部分埋在淤泥中,地面上除金凤、铜爵两台和太武殿残基尚存,别无遗址可寻[17]。20世纪80年代对遗址进行发掘,城区有贯穿东西的大道,把城市划分为南北两区,北区中央为宫殿所在,南区为整齐的街区,面向宫殿大道有官司衙署。为了表明魏是汉的继承者,220年曹丕定都洛阳,在被190年董卓挟汉献帝迁都长安,焚毁的洛阳城废墟上复建,至西晋311年再次被焚毁,存世91年。曹魏重建的洛阳城城墙、城门是在东汉的废墟基础上复建的,废弃了东汉的南宫,重建了北宫,形成了宫室在北、官署及里坊在南,自北宫正殿大门向南为城市中轴线的整体格局。

三国建筑多有延续东汉建筑旧制的做法,在战乱大规模破坏的情况下,有些建筑技术做法丧失,有些在重建中得以

左：曹魏邺城推测城市模型
右：曹魏邺城三台之一金凤台遗存

创新，都是有可能的。虽有如《魏都赋》《景福殿赋》《吴都赋》《蜀都赋》等描述都城建筑的汉赋，可以通过描写推测当时的情景，但建筑实物没有遗存。在汉阙中，有相当于三国时期的雅安高颐阙、绵阳平阳府君阙。汉益州太守高颐死于赤壁之战后一年（209），巴西太守李福死于蜀汉延熙一年或二年（238年或239年），所以为高颐、李福所建的两阙也可视为三国时期的建筑遗存。从两阙反映的建筑制式来看，与东汉阙几无大的区别。

虽然，汉代砖石结构主要用于墓葬，但从《太平御览》引述《述征记》中对曹魏洛阳宫凌云台砖砌地面构筑物的描述中，我们可知此时期，砖结构的发展和在地面上的使用，为晋以后砖砌佛塔提供了技术基础[18]。三国佛教建筑，文献中反映并不是很多，仅知吴主孙权于建业起建初寺，后又建阿育王塔，为江南梵刹浮屠的最早记录[19]。

融会：两晋南北朝

265年，司马炎以受禅让的方式建立晋朝取代魏，280年灭吴，统一全国，分封诸王，遂仅十余年，因诸王争权起"八王之乱"，北方民族乘机入住中原，先后建立割据政权，史称"五胡十六国"。316年西晋灭亡，余部在长江以南立国，建都健康，史称东晋。东晋于420年被刘宋所取代，后经宋齐梁陈四朝，至589年隋统一全国，历时169年，史称南朝。北方于439年被鲜卑族北魏政权逐渐统一[20]，后内部分裂为东魏、西魏又被北齐、北周所灭，至589年隋统一全国，史称北朝。

两晋南北朝是中国历史上最为混乱的时期，历时300余年，战争频发，社会经济发展受到很大的影响和破坏。相比较，北方中原地区受害最为严重，南方地区因中原人口大量南迁，战乱相对较少，经济比北方得以较好的发展。此期，最为重要的是佛教得以兴盛，外域文化随之而来并融合，再加上北方少数民族文化的进入，对中国建筑产生了非常大的影响。长期的战乱也促使士大夫庄老之学和清谈的盛行，清高野逸在一定程度上主导着文人思想，对包括园林建筑在内的中国建筑形式都产生了重要影响。从中国建筑的发展整体来看，此期也是中国建筑发展的重要过渡时期，汉魏建筑逐渐落下帷幕，隋唐建筑以此为基础酝酿，即将展开中国建筑辉煌灿烂的时期。

两晋南北朝时期，佛教建筑得以繁荣，各地寺、塔、石窟建造数量众多。

从文献可知，多层木楼阁式塔大量兴建，也可推测出这时缠柱造技术已经采用，砖结构技术已经到了很高的水平。此期遗存有建于北魏孝明帝正光四年（523）的嵩岳寺塔，为中国现存最早的佛塔。此塔为密檐式十二边形塔，保留有外来建筑影响的痕迹，在中国建筑史上极具重要地位。

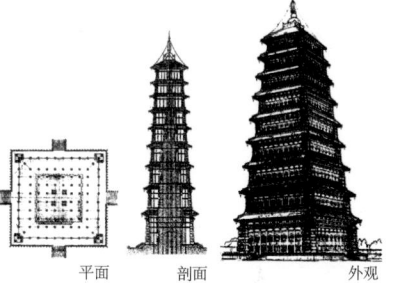

平面　剖面　外观

北魏洛阳永宁寺塔

寺塔建造以北魏洛阳、南朝建康为最。《洛阳伽蓝记》所载"洛阳有寺一千三百六十七所"，唐代诗人杜牧《江南春》名句"南朝四百八十寺，多少楼台烟雨中"，《南史》中也有记梁武帝时"都下佛寺五百余所"。可见，"南朝四百八十寺"不仅是文学的修饰。其中以建于孝明帝熙平元年（516）的永宁寺塔最为显著，此塔在《洛阳伽蓝记》中所载也较为详尽，"架木为之，举高九十丈，有刹复高十丈，合去地一千尺。

去京师百里,已遥见之……刹上有金宝瓶","至于高风永夜,宝铎和鸣,铿锵之声,闻及十余里"。按今计算,塔高近300米,可见塔之雄伟,木构技术之高。永宁寺塔于孝武帝永熙三年(534)毁于大火,"火经三月不灭,有火入地寻柱,周年犹有烟气",今不复存在。

两晋南北朝时期比较重要的石窟寺有始于3世纪末的克孜尔石窟、始于前秦建元二年(366)的敦煌石窟、始于北魏文成帝和平年间(460—465)的云冈石窟、始于北魏孝文帝迁都洛阳后(493)的龙门石窟、始于东魏(534—550)的天龙山石窟、始于北齐文宣帝(550—559)的响堂山石窟,另有在建筑上表现较少的建于后秦(384—417)的麦积山石窟、始于北凉(397—460)的天梯山石窟、始于西秦建弘元年(420)的炳灵寺石窟、始于北魏熙平二年

上:山西太原天龙山石窟16窟
下:河南龙门石窟古阳洞南壁局部

（517）的巩县石窟。南方石窟有始于齐武帝永明二年（484）的南京栖霞山千佛崖，但破坏严重，原貌已失。

此外，造于北魏献文帝天安二年（467）的现存朔州崇福寺北魏小石塔[21]、建于北齐天统五年（569）的义慈惠石柱、建于北魏孝庄帝永安二年（529）的洛阳宁懋墓石室仿木石椁[22]，以及散布在南京、丹阳等地的南朝帝王陵墓的石兽、神道柱等，都为研究两晋南北朝建筑很好的例证。

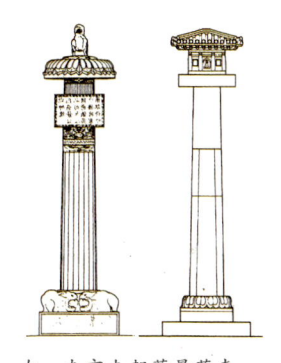

左：南京南朝萧景墓表
中：河北北齐义慈惠石柱
右：山西朔州崇福寺北魏小石塔

两晋南北朝时期，墓室中多用满砌花纹砖，汉代使用的画像砖石完全消失，现存南京博物院西善桥南朝大墓中的《竹林七贤图》，采用的就是模印砖拼嵌。随着佛教兴盛和石窟寺的建设，石刻技术比前朝有了更大的发展，在建筑形式上发生很大的变化，须弥座、火焰式拱门、束莲柱在建筑上大量使用，西番莲、莲花、卷草等也丰富了建筑的装饰题材，对其后的建筑发展产生了非常大的影响。

全盛：隋唐及五代

581年，隋文帝杨坚易北周建立隋朝，589年南渡灭陈，统一全国，后被618年李渊所建的唐朝取代，历时37年。唐延续288年，906年被后梁灭。其后中国又陷入分裂与频繁改朝换代的阶段，直至960年赵匡胤建立宋朝，历时54年，史称"五代十国"时期。

隋唐是中国封建社会的鼎盛时期，也是中国古代建筑发展的成熟时期。此期在前朝建筑的基础上，吸收了外来建筑与文化影响，形成了一个完整的中国建筑体系，达到了前所未有的高度。唐代建筑对朝鲜、日本等的建筑都产生了重要的影响。

隋唐重要的都城遗址有隋大兴城（唐长安城）、隋东都城（唐洛阳城）、隋江都城（扬州），主要的宫殿遗址有隋大兴宫（唐太极宫）、隋东都宫（唐洛阳宫）、唐大明宫、唐兴庆宫等。隋唐的都城为当时世界上最大的都市。

佛塔在隋唐遗存渐多，有砖、石与木塔，有单层塔、阁楼塔和密檐塔。主要有：

山东济南神通寺四门塔[23]，亭阁式石塔，隋大业七年（611）；

陕西西安杜顺塔，楼阁式砖塔，唐贞观十九年（645）；

陕西西安兴教寺玄奘塔[24]，楼阁式砖塔，唐高宗总章二年（669）；

陕西西安慈恩寺大雁塔[25]，楼阁式砖塔，武则天长安年间（701—704）；

陕西西安荐福寺小雁塔，密檐砖塔，唐中宗景龙元年（707）；

陕西西安周至仙游寺法王塔，阁楼式砖塔，唐开元十三年（725）；

河南登封会善寺净藏禅师塔，亭阁式砖塔，唐玄宗天宝五年（746）；

山东济南长清灵岩寺慧崇塔，亭阁式砖塔，唐天宝年间(742—756)；

山东济南历城九顶塔[26]，密檐砖塔，唐玄宗天宝十五年（756）；

河南安阳修定寺塔[27]，亭阁式砖塔，唐肃宗乾元元年（758）；

山西长子法兴寺燃灯塔[28]，石构长明灯塔，唐大历八年（773）；

山西运城泛舟禅师塔[29]，亭阁式砖塔，唐穆宗长庆二年（822）；

云南大理崇圣寺千寻塔，密檐砖塔，南诏王劝丰祐时期（824—859）；

山西平顺明惠大师塔，亭阁式砖塔，唐僖宗乾符四年（877）；

广东广州光孝寺铁塔[30]，阁楼式铁塔，五代南汉大宝六年（963）；

江苏南京栖霞寺舍利塔，密檐石塔，五代南唐（937—975）；

河南登封法王寺塔，密檐砖塔，推断唐代等。

此外，山西五台山佛光寺，唐大中十一年（857）；唐乾符四年（877），经幢在建筑上也极具地位。

隋唐时期是中国古建筑成熟形成体系的时期，这一时期非常重要、非常具有划时代意义的是木构建筑有了实物遗存。自此，

上：山东神通寺隋代四门塔
下：山东历城唐代九顶塔

结合相关文献，我们才得以全面了解古建筑的真实所在，更多的前期推测才得以验证。

左：山西五台山佛光寺唐代经幢
右：林徽因在测绘五台山佛光寺经幢

目前已知唐木构建筑遗存有七座：

山西五台南禅寺大殿，唐建中三年（782）；

山西芮城广仁王庙正殿，唐大和六年（832）；

山西泽州青莲寺藏经阁，唐大和七年（833）；

山西五台佛光寺东大殿，唐大中十一年（857）；

甘肃敦煌莫高窟196窟檐，唐景福二年（893）；

山西五台山佛光寺东大殿

·建筑的历史· 077

左上：现场考察山西五台南禅寺大殿
右上：山西泽州青莲寺藏经阁
左下：山西长子布村玉皇庙前殿
右下：河北正定开元寺钟楼

山西平顺龙门寺西配殿

山西长子布村玉皇庙前殿，推断唐代；
河北正定开元寺钟楼，推断唐代[31]。

目前已知五代木构建筑遗存有五座：

山西平顺龙门寺西配殿，后唐同光三年（925）；
山西平顺天台庵大殿，推断后唐长兴四年（933）[32]；
山西平顺大云院弥陀殿，后晋天福三年（938）；
山西平遥镇国寺万佛殿，北汉天会七年（963）；
河北正定县文庙大成殿，推断五代时期(907—960)[33]。

上：山西平顺天台庵大殿
下：河北正定县文庙大成殿

隋唐木构古建筑结构简洁，没有多余的装饰构件，建筑构件的标准化已经有了相当的水平，建筑的等级制度化更为清晰。柱梁枋用料都很粗壮，尤其柱头斗栱更为雄伟，宫殿、官署、寺观等一般重要的建筑使用斗栱，隋唐补间铺作一般使用人字栱。柱有侧脚，墙砌收分，故建筑外观坚实稳固[34]。柱子有生起，也使屋檐呈一定的曲线，正脊向两端翘起，所以建筑体量虽然很大，却没有笨拙之感。隋唐的屋顶仍然延续前朝使用板瓦和筒瓦两种，宫殿、寺庙建筑已经使用琉璃瓦，尤其晚期使用较多。装修部分仍使用版门、直棂窗，木构部分刷土朱色，墙壁刷白色，也有把栱枋等侧棱刷土黄色，以增加层次感。自南北朝后期到盛唐，建筑外观和建筑构件的曲线逐渐增加，也就有了"卷杀""举折"两种使弧度更为标准的做法，整体使建筑风格产生了一定的变化。

山西平顺大云院弥陀殿

延续：宋辽金

宋辽金的三百年间，中国处于多民族政权对峙的历史时期，代表汉族政权的宋（北宋960—1127，南宋1127—1279）、契丹族政权的辽（916—1125）、女真族政权的金（1115—1234）、党项族政权的西夏（1038—1227）先后并存。作为多政权主体，宋代一直以来被我们理解为"弱宋"，屈辱投降的一代王朝，但实质上经过前朝的发展，至宋朝，无论是文化、经济、科技等都达到了中国封建社会发展的最高阶段。陈寅恪先生说："华夏文化，历数千载之演进，造极于赵宋之世。"于建筑同样如此，宋代建筑达到了极高的成就。

北宋立都城汴梁为京师，也称汴京，宋画描绘汴京的《清明上河图》及孟元老的《东京梦华录》是研究汴京城市建筑极其有作用的资料。北宋立洛阳为西京，建应天府为南京，建大名府为北京，宋室南迁后建都临安。辽、金均设五京。

宋辽金时期，木构古建筑遗存较多，为我们提供了大量的研究实例。因木构古建筑遗存多在历史上经历数次修缮的现实，其断代有诸多的复杂性和不确定性，除有题记和相关资料明确记载其建造年代的以外，多从其木结构特点来推断其建造时期，为更好地了解、研究此期建造,将此期木构建筑不完全整理如下,其中有建筑建造时期存在不同认识的地方。

现存辽宋主要木构建筑:

福建福州华林寺大殿,北宋乾德二年(964)[35];
甘肃敦煌莫高窟427、437窟檐,北宋开宝三年(970);
山西高平崇明寺中殿,北宋开宝四年(971);
河南济源济渎庙寝殿,北宋开宝六年(973);
甘肃敦煌莫高窟444窟檐,北宋开宝九年(976);
山西陵川北吉祥寺前殿、中殿,北宋太平兴国三年(978);
甘肃敦煌莫高窟431窟檐,北宋太平兴国五年(980);
天津蓟县独乐寺观音阁、山门,辽统和二年(984);
山西高平游仙寺毗卢殿,北宋淳化年间(990—994);
广东广州肇庆梅庵大殿,北宋至道二年(996);
甘肃敦煌老君堂慈氏塔,北宋咸平三年(1000);
山西太谷安禅寺藏经殿,北宋咸平四年(1001);
浙江宁波保国寺大殿,北宋大中祥符六年(1013);
福建莆田元妙观三清殿,北宋大中祥符八年(1015);
山西长子崇庆寺千佛殿,北宋大中祥符九年(1016);

山西芮城城隍庙大殿，北宋大中祥符年间（最晚为1016）；

辽宁义县奉国寺大殿，辽开泰九年（1020）；

山西万荣稷王庙大殿，北宋天圣元年（1023）；

山西太原晋祠圣母殿，北宋天圣年间（1023—1032）；

山西祁县兴梵寺大雄宝殿，北宋天圣三年（1025）；

山西陵川南吉祥寺过殿，北宋天圣八年（1030）；

山西大同华严寺薄伽教藏殿，辽重熙七年（1038）；

山西乡宁寿圣寺正殿，北宋皇祐元年（1049）；

河北正定隆兴寺摩尼殿、山门、转轮藏殿，北宋皇祐四年（1052）；

山西应县佛宫寺释迦塔，辽清宁二年（1056）；

山西高平开化寺大雄宝殿，北宋熙宁六年（1073）；

山西泽州府城玉皇庙玉皇殿，北宋熙宁九年（1076）；

山西长子法兴寺圆觉殿，北宋元丰四年（1081）；

山西泽州周村东岳庙拜亭、正殿，推断北宋元丰五年（1082）；

山西泽州高都景德寺正殿，推断北宋元祐二年（1087）；

山西泽州青莲寺释迦殿，北宋元祐四年（1089）；

山西忻州金洞寺转角殿，北宋元祐八年（1093）；

山西晋城二仙庙正殿，北宋绍圣四年（1097）；

山西平顺龙门寺大雄宝殿，北宋绍圣五年（1098）；

山西泽州青莲寺观音阁、地藏阁，北宋建中靖国元年（1101）1103法式；

山西泽州北义城玉皇庙玉皇殿，北宋大观四年（1110）；

山西泽州西顿济渎庙，北宋宣和四年（1122）；

山西阳泉关王庙正殿，北宋宣和四年（1122）；

山西定襄关王庙无梁殿，北宋宣和五年（1123）；

河南登封初祖庵大殿，北宋宣和七年（1125）；

陕西韩城司马迁祠献殿、寝殿，北宋靖康元年（1126）；

山东广饶关帝庙大殿，南宋建炎二年（1128）；

甘肃武都福津广严院，南宋乾道九年（1173）；

江苏苏州玄妙观三清殿，南宋淳熙六年（1179）；

四川江油云岩寺飞天藏，南宋淳熙八年（1181）；

河北涞源阁院寺文殊殿，推断辽代；

山西大同善化寺大雄宝殿，推断辽代；

河北高碑店开善寺大殿，推断辽代；

山西长治故驿村崇教寺正殿，推断宋代；

山西寿阳白道普光寺大殿，推断宋代；

山西长治上党玉皇观前殿，推断宋代；

山西晋城泽州崇寿寺释迦殿，推断宋代；

山西晋城泽州小南村二仙庙正殿，推断宋代；

河北正定隆兴寺摩尼殿

山西晋城泽州大东沟双河底村成汤庙正殿，推断宋代；
山西晋城泽州高都南社村土地庙正殿，推断宋代；
山西潞城原起寺正殿，推断宋代；
山西晋城高平资圣寺毗卢殿，推断宋代；
山西晋城泽州冶底岱庙，推断宋代；
陕西长武昭仁寺大殿，推断宋代；
山西夏县余庆禅院正殿，推断宋代；

上：河北正定隆兴寺转轮藏殿
下：河北正定隆兴寺山门

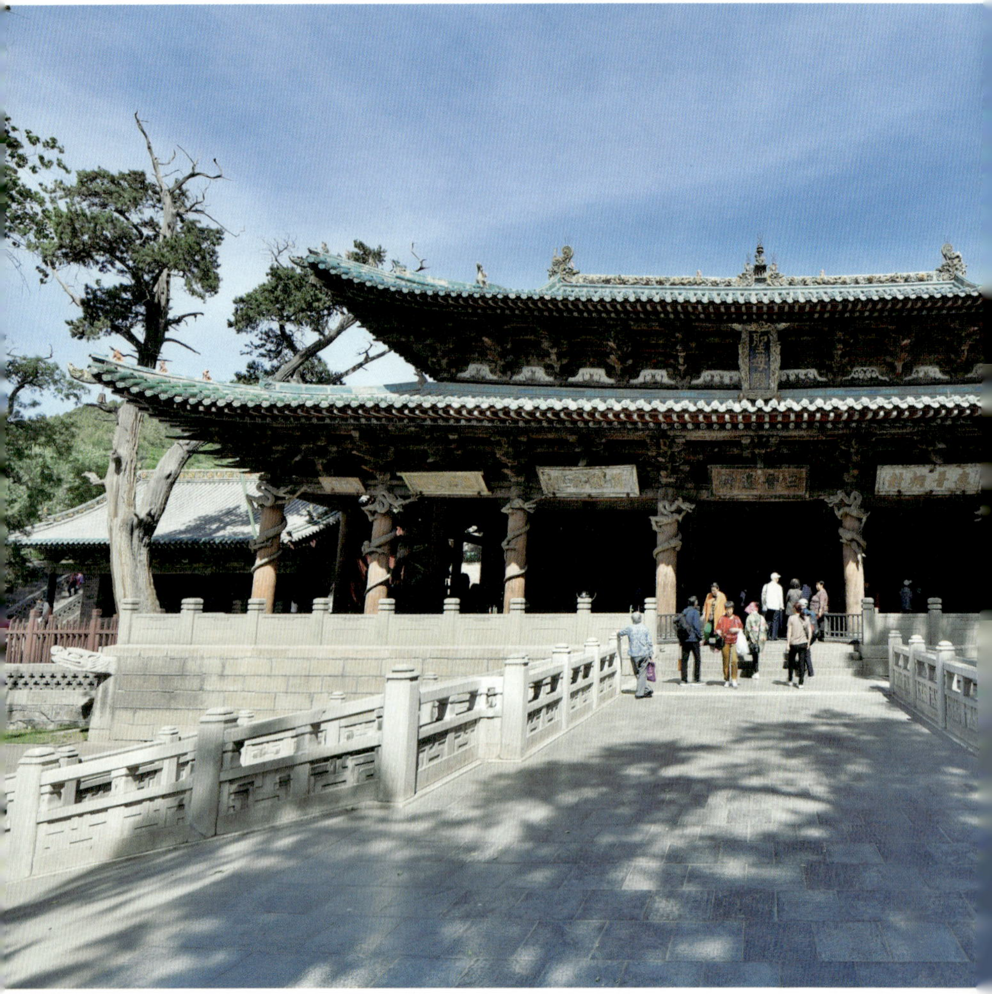

山西太原晋祠圣母殿

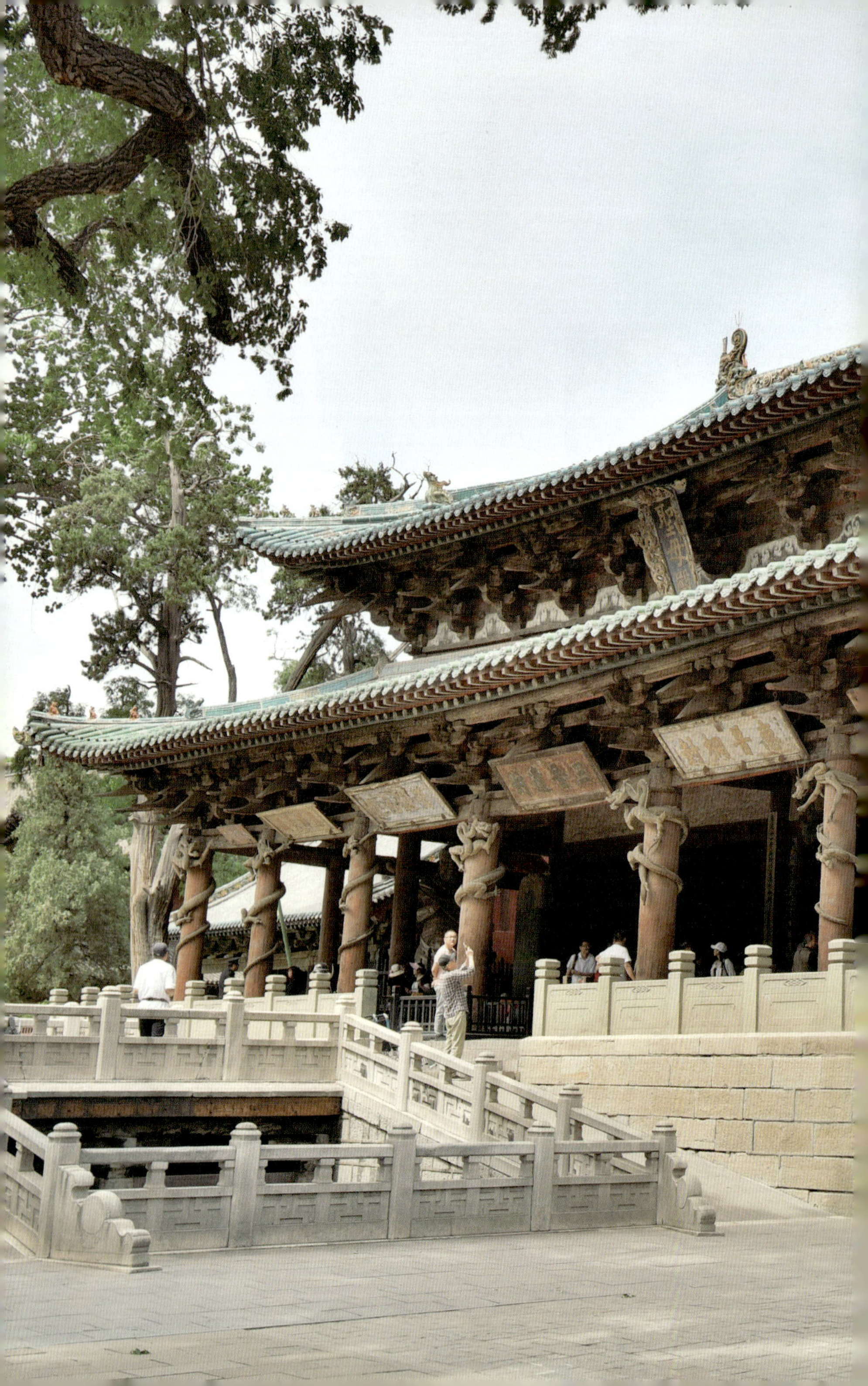

山西太原晋祠圣母殿

上：山西长子崇庆寺千佛殿
下：山西高平开化寺大雄宝殿

浙江宁波保国寺大殿

山西晋城陵川小会岭二仙庙正殿，推断宋代；
山西长子小张碧云寺正殿，推断宋代；
山西榆次西见子宣承院正殿，推断宋代。

其中长江以南的宋代木构建筑[36]：

福建福州华林寺大殿，北宋乾德二年（964）；

广东广州肇庆梅庵大殿，北宋至道二年（996）；

浙江宁波保国寺大殿，北宋大中祥符六年（1013）；

福建莆田元妙观三清殿，北宋大中祥符八年（1015）；

浙江丽水景宁时思寺大雄宝殿，南宋绍兴十年（1140）；

江苏苏州玄妙观三清殿，南宋淳熙六年(1179)；

福建罗源陈太尉宫大殿，南宋嘉熙三年(1239)。

其中八座辽代木构建筑[37]：

天津蓟县独乐寺观音阁，辽统和二年（984）；

天津蓟县独乐寺山门，辽统和二年（984）；

辽宁义县奉国寺大殿，辽开泰九年（1020）；

山西大同华严寺薄伽教藏殿，辽重熙七年（1038）；

山西应县佛宫寺释迦塔，辽清宁二年（1056）；

山西大同善化寺大雄宝殿，推断辽代；

河北高碑店开善寺大殿，推断辽代；

河北涞源阁院寺文殊殿，推断辽代。

天津蓟县独乐寺山门

天津蓟县独乐寺观音阁

山西五台延庆寺大佛殿

· 中国木构古建筑 ·

·建筑的历史· 099

左上：河北高碑店开善寺大殿
左下：山西平顺淳化寺正殿
右：山西长子正觉寺后殿

山西平顺龙门寺山门

现存金代主要木构建筑：

山西应县净土寺大雄宝殿，金天会二年（1124）；

山西陵川龙岩寺过殿，金天会七年（1129）；

山西高平开化寺观音阁，金皇统元年（1141）；

山西陵川西溪二仙庙后殿及东西梳妆楼，金皇统二年（1142）；

山西朔州崇福寺弥陀殿、观音殿，金皇统三年（1143）；

山西文水则天庙圣母殿，金皇统五年（1145）；

山西大同善化寺山门、天王殿、三圣殿，金天会、皇统年间（1128—1143）；

山西大同善化寺普贤阁，金贞元二年（1154）；

山西高平西李门二仙庙中殿，金正隆二年（1157）；

山西陵川玉泉东岳庙正殿，金正隆元年（1156）；

山西太谷真圣寺正殿，金正隆二年（1157）；

山西繁峙岩山寺文殊殿，金正隆三年（1158）；

山西沁县大云院正殿，金大定年间（1161—1189）；

山西榆社福祥寺正殿，金大定年间（1161—1189）；

山西平遥文庙大成殿，金大定三年（1163）；

河北涉县成汤庙山门，金大定四年（1164）；

山西太原晋祠献殿，金大定八年（1168）；

山西平顺淳化寺正殿，不晚于金大定九年（1169）；

山西高平中坪二仙宫正殿，金大定十二年（1172）；

山西壶关三嵕庙正殿，金大定十七年（1177）；

山西曲沃大悲院献殿，金大定二十年（1180）；

山西绛县太阴寺南大殿，金大定二十年（1180）；

山西高平二郎庙戏台，金大定二十三年（1183）；

山西陵川崔府君庙山门，金大定二十四年（1184）；

河南济源奉仙观三清殿，金大定二十四年（1184）；

山西襄垣昭泽王庙正殿，金大定二十七年（1187）；

山西清徐狐突庙献殿、正殿，金明昌元年（1190）；

山西新绛白台寺释迦殿，金明昌年间（1190—1196）；

山西阳曲不二寺大雄宝殿，金明昌六年（1195）；

山西汾阳太符观大殿，金承安五年（1200）；

山西盂县大王庙寝宫，金承安五年（1200）；

山西清徐清源文庙大成殿，金泰和三年（1203）；

山西襄垣灵泽王庙正殿，金大安二年（1210）；

山西阳城下交汤帝庙拜殿，金大安三年（1211）；

陕西丹凤二郎庙，金大安三年（1211）；

河南登封清凉寺大殿，金贞祐四年（1216）；

山西武乡会仙观三清殿，金正大六年（1229）。

以下为没有确切纪年，根据建筑主要特征推断的现存金代木构建筑：

山西五台延庆寺大佛殿；

山西平顺龙门寺山门；

山西大同浑源荆庄大云寺大雄宝殿；

山西繁峙三圣寺大雄宝殿；

山西定襄洪福寺大雄宝殿；

山西泽州川底佛堂正殿；

山西陵川南神头二仙庙正殿；

山西陵川寺润三教堂大殿；

山西陵川石掌玉皇庙正殿 ;

山西陵川白玉宫过殿 金大安至崇庆年间 ;

山西陵川北马玉皇庙正殿 ;

山西武乡洪济院正殿 ;

山西柳林香严寺大雄宝殿 ;

山西石楼兴东垣东岳庙大殿;

山西阳城开福寺献殿 ;

山西潞城东邑龙王庙正殿 ;

山西长子天王寺中殿、后殿;

山西长子正觉寺后殿;

山西平遥慈相寺正殿 ;

河南汝州风穴寺中佛殿 ;

河南宜阳灵山寺毗卢殿、大雄宝殿 。

宋辽金时期,无论是城市还是建筑出现了重要的转变,是中国古代建筑从成熟走向繁缛、细腻与多样的转折期。两宋理学的发展,引导了社会思想,对建筑艺术风格和审美产生了重要的影响,如建筑的礼治秩序、伦理教化等,在整体上建筑风格追求细腻、柔美。早期城市形态开始向近代城市转变,城市出现了街道化、商业化的特点。同期社会经济文化的发展,产生了一些戏台、书院等新型的商业、娱乐、教育建筑。随着烧砖技术的发展,开始大量地使用砖石,砖石雕刻的式样也非常华丽、精美。建筑彩画在宋辽金时代开始大量使用，装饰开始趋于繁缛。斗栱的体系趋于成熟、精致，开始走向柔美。

这一时期，极为重要的是北宋崇宁二年（1103），将作少监李明仲所编《营造法式》问世，为历史上第一部建筑技术标准，也是对中国长期流行于建筑行业的经久行用之法的一次总结[38]。法式的问世使我们能够结合此期建筑遗存对宋辽金甚至上下期建筑有了更为深入和详尽的掌握，也使我们过往对早期建筑的推断，有了关键参考坐标，如同夜航中的一座灯塔。此外，北宋名匠喻皓著有《木经》，现已失传，仅《梦溪笔谈》中有片段记述。

与宋并存的辽代建筑，虽受宋代建筑影响仍承袭唐风，多采用单一的长方形平面，上以四阿顶，小木作以唐制版门、直棂窗的做法，整体风格刚劲、浑厚、简朴。

与南宋并存的金代，在沿袭辽代模式的基础上，综合发展了宋、辽建筑的特点，在细部上追求新奇和变化，做工更为精细，整体日趋烦琐。

停滞：元明清

元朝原是漠北蒙古游牧民族，1206年成吉思汗（元太祖）即位为大汗，1234年元太宗灭金，1271年忽必烈（元世祖）建元朝，1279年灭南宋，统一中国。

元末农民大起义，朱元璋（明太祖）于1368年建立明朝，历经267年传16帝，1644年被李自成领导的农民起义推翻。

同年，满清入关建立清朝，历经268年传12帝，1912年清帝溥仪逊位，清朝从此结束。

元代在中国历史上具有特殊的地位，一方面结束了宋辽金夏政权分割的局面，实现了大统一；另一方面，靠暴力实现统一，社会经济遭到很大程度上的破坏，严重影响了农业及工商业，在统治期间又有阶级和民族的双重压迫，对建筑的发展有很大的滞碍作用。直至元世祖忽必烈采取鼓励农桑的政策，社会生产力才得以逐渐恢复。作为原来的游牧民族，其居住的基本形式就是帐幕，所以对统治地区的建筑并不排斥，使各种建筑都能自由发展，在一定程度上也促进了各地域建筑形式的交流，形成了元代建筑的基本格局，出现了一些技术上的创新，如盝顶造型，以及其他造型的变化。

大都的建设是元代城市建设和建筑成就的典型代表[39]，元大都按照汉族传统都城布局设计，历时八年建设，主要宫殿位于全城中轴线南端，在皇城东西两侧按照"左祖右社"的传统布局，建有太庙和社稷坛。元代各种宗教并存，大都建有护国寺、妙应寺、东岳寺等诸多庙宇。此期，流行于西藏的喇嘛教在内地开始传播，建造了一些喇嘛教建筑，藏传佛塔成了佛塔重要类型之一。木构建筑仍承袭宋金的做法，但在规模和质量上都比前朝减弱很多。斗栱比宋金的尺度明显减小，但也比后世明清时期的斗栱简洁、宏大一些，有些取消室内斗栱，一些斗栱使用大额式做法，斗栱不是落在普拍枋和柱头上，而是直接使用一根粗大的额枋取代。源起前朝的减柱造、移柱造盛行，弯曲木料也能被作为梁木使用，不加砍削，呈现原始状态，且屋顶为砌上露明造，多不会加天花装饰。建筑用料加工也较为草率和粗糙，这些多是因为经济发展缓慢而产生的节约措施。当然这种节约方式也带来另外一种作用，建筑更为关注结构自身的整体性和稳定性，简化了一些结构，使结构在保持坚固的同时更为简约。元代木构建筑遗存较多，有代表性的有山西芮城永乐宫、赵城的广胜寺、稷山青龙寺（永乐宫与广胜寺壁画被认为是元代壁画的典范）；河北定兴的慈云阁、正定的阳和楼、曲阳北岳庙的德宁殿、安平的圣姑庙。江南比较有代表性的元代木构建筑有上海真如寺；浙江金华天宁寺、武义延福寺、丽水景宁时思寺大雄宝殿；江苏苏州东山轩辕宫等。此期现存最早的民居是山西姬氏民居。

上：山西长子崔府君庙大殿
下：江苏苏州轩辕宫

上海真如寺正殿

上：山西长子大中汉三嵕庙
下：山西高平中庄村元代民居

山西高平南杨村元代民居

  明代砖技术发展尤为显著，元代以前木构古建筑均以土墙为主，砖多用于墙基、台基和铺地，明代以后普遍使用砖墙，砖墙的使用也使硬山建筑得以快速发展，使砖雕装饰、装修被广泛使用。明代琉璃砖瓦等构件达到前所未有的水平，色彩多样、图案精美、质地精良。除宫殿、寺观使用琉璃砖

山西长子琚村灵贶王庙

瓦以外，琉璃塔、琉璃门、琉璃照壁等大量出现。木构建筑经过元代的简化，向构架的整体性更强、斗栱装饰化、施工更为简化与定型等方面发展。楼阁建筑使用从地面到屋面的通柱式构架，不再用层叠式构架；普遍使用穿插枋，利用梁头外挑承托屋檐，梁头直接托挑檐檩；柱头斗栱不再为结构

上：北京颐和园排云殿
下：北京颐和园玉华殿

作用所重视，原来作为斜梁用的昂，也成为装饰构件[40]；屋架之间简化为桁、垫、枋纵向连接，宋以前使用的桁、攀间、串三种纵向连接方式不再使用。柱脚生起、檐柱侧脚、俊柱、月梁等宋式做法，除江南一些民居使用以外，也逐步被淘汰。明代官式木构建筑整体严谨稳重，兼具唐代的宏大壮美和宋代的华丽精美，形成了特有的时代风格。

　　清代在建筑技术上更为成熟，工官制度趋于定型，但设计趋于僵化。住宅建筑类型丰富多样，各地区、各民族形成了诸多风格各异的建筑。此期，藏传佛教建筑兴盛，在传统佛教建筑的基础上，创造出丰富的建筑形式。清代园林建筑达到了一个极盛时期，尤其在江南兴起了造园高潮，具有相当高的水平，明清两代的皇家园林和私家园林，都达到了前所未有的艺术水准。清代建筑的突出表现在建筑装饰美学上，江南建筑技艺的北移，使北方建筑的装修梀格、木雕花罩、砖木雕饰、镶嵌玉石、山水园林、月洞铺地等方面有了非常大的提升。清代的石雕、砖雕、木雕技术水平相当高，不仅有浮雕、透雕，还有叠雕、套雕、镂空甚至镶刻等；清代装饰还有嵌镶珠宝玉石、竹木贝骨以及景泰蓝等，建筑彩画也成为建筑装饰极为重要的一部分。建筑结构基本摆脱了斗栱构造的束缚，斗栱在很大程度上成为装饰构造，梁枋柱檩采用直接卯榫的插接方式连接，更直接传导应力，用料进一步节约，构架更平稳均衡。梁架搭接的方式，可以自由变换，也就产生多样的屋面构造和屋顶重叠等清代房屋的造型特点，建筑风格整体端庄、华丽、工整。

清代宫廷建筑劳动制度产生了重要的转变，从军工和征工逐步走向和雇制度或私商制度，产生了以雷发达、雷金玉为代表的中国清代宫廷建筑匠师家族"样式雷"。雷氏家族的每个建筑设计方案，都按1/100或1/200比例先制作模型进呈内廷，以供审定。这些模型被称为烫样，既是建筑建造方案也是类型建筑的规范，对研究清代建筑具有极高的价值。

清代中国古建除《营造法式》以外的另一部建筑法式书籍产生，即1733年清朝颁布《工程做法则例》，这是清代建筑高度标准化、定型化、制度化的产物，也标志着中国木构建筑结构体系的高度成熟。

1. 李允鉌，中国古典建筑设计原理．天津：天津大学出版社，2005：21
2. 梁思成，梁思成全集（第四卷）．北京：中国建筑工业出版社，2001：16
3. 刘敦桢，刘敦桢全集（第六卷）．北京：中国建筑工业出版社，2007：8
4. 傅熹年，中国古代建筑概说．北京：北京出版社，2016：3
5. 孙大章，中国古代建筑小史．北京：清华大学出版社，2016：3
6. 潘谷西，中国建筑史．北京：中国建筑工业出版社，2015：17
7. 李允鉌，中国古典建筑设计原理．天津：天津大学出版社，2005：22
8. 陈薇，当代中国建筑史家十书（陈薇建筑史论选集）．沈阳：辽宁美术出版社，2015：328
9. 李允鉌，中国古典建筑设计原理．天津：天津大学出版社，2005：23
10. 刘叙杰，中国古代建筑史（第一卷）．北京：中国建筑工业出版社，2009：30
11. 潘谷西，中国建筑史．北京：中国建筑工业出版社，2015：19
12. 潘谷西，中国建筑史．北京：中国建筑工业出版社，2015：26
13. 傅熹年，中国古代建筑概说．北京：北京出版社，2016：4
14. 刘叙杰，中国古代建筑史（第一卷）．北京：中国建筑工业出版社，2009：617
15. 汉代遗存的陶屋明器及汉阙、汉墓较多，使用材料虽和木构建筑不同，但考虑其为仿木，故为考察汉代木构建筑形式的重要例证。
16. 刘敦桢，刘敦桢全集（第六卷）．北京：中国建筑工业出版社，2007：24
17. 傅熹年，中国古代建筑史（第二卷）．北京：中国建筑工业出版社，2009：2
18. 傅熹年，中国古代建筑史（第二卷）．北京：中国建筑工业出版社，2009：42
19. 刘敦桢，刘敦桢全集（第六卷）．北京：中国建筑工业出版社，2007：38
20. 386年鲜卑族拓跋珪在今晋北、内蒙古建国，398年定国号为魏，定都平城(今大同)。439年北魏灭凉统一北方，493年北魏迁都洛阳。
21. 北魏千佛石塔，又称"曹天度石塔"，是北魏天安元年（466年）献文帝的内侍曹天度倾财祈福、悼念去世亲人，在北魏首都平城（今大同）建造。石塔与云冈石窟同期，我国已知现存最早造像石塔，现在塔身和塔座在台北历史博物馆，塔刹在马邑博物馆有复制品。

22. 现存美国波士顿艺术博物馆。

23. 为中国现存最早的一座石塔，也是最早的亭阁式塔。

24. 为中国现存古代体量最大的墓塔，也是最早的砖砌仿木楼阁塔。

25. 大雁塔始建于唐永徽三年（652），武则天长安年间（701—704）倒塌重建，现塔外观是明万历年间包砌外墙后的形象，塔底层西门门楣线刻佛殿图，反映了初唐殿堂的形象，为建筑史上珍贵的材料。

26. 没有确切年代，明代文人许邦才的《重修九塔寺记》有记疑为天宝年间，梁思成先生认为其为唐代。罗哲文在《中国古塔》一书中，进一步将其定为唐代天宝时期。

27. 下限至唐代宗宝应元年（762），为唯一遍体浮雕塔。

28. 燃灯塔亦称长明灯，是佛教六种供具之一，也称为灯幢或灯台。

29. 最早的圆形墓塔，唐圆形塔的孤例。

30. 是现存有确切纪年可考的最早的一座铁塔。

31. 1933年，梁思成、林徽因等曾调查开元寺钟楼，梁先生在《正定调查纪略》一文中说，"若说它是唐构我也不能否认"，后有专家认为一层保存下来完整的唐代建筑结构，而二层已在清代被改造。20世纪80年代末钟楼大修，一层保持了原状，二层被恢复为唐代样式。

32. 天台庵1988年进入第三批全国文保单位时，断代为唐。2014年大修时，在大殿梁架上发现有"大唐天成"题记，经唐大华先生推断为后唐天成年间。

33. 1933年梁思成先生考察正定古建筑时，认为其为唐末五代遗物。罗哲文先生认为此殿应为我国现存最早的文庙大成殿。

34. 刘敦桢，刘敦桢全集（第六卷）. 北京：中国建筑工业出版社，2007：70

35. 五代吴越国，相当于北宋乾德二年（964年）。

36. 江南较早的木构古建筑元代的有：浙江武义延福寺大殿（元延祐四年，1317年）、浙江金华天宁寺大殿（元延祐五年，1318年）、上海普陀区真如寺大殿（元延祐七年，1320年）、江苏苏州虎丘二山门（元至元四年，1338年）。

37. 民国最初的"八大辽构"包括天津宝坻广济寺三大士殿、山西大同善化寺普贤阁。宝坻广济寺三大士殿于1947年被拆除（2005年开始进行仿古复建）；新中国成立后，善化寺普贤阁在大修中发现了金代的题记,这两座建筑退出了辽构。后又发现河北高碑店开善寺和河北涞源阁院寺文殊殿两座辽代建筑,又补了两座。

38. 郭黛姮,中国古代建筑史(第三卷).北京:中国建筑工业出版社,2009:6
39. 潘谷西,中国古代建筑史(第四卷).北京:中国建筑工业出版社,2009:3
40. 潘谷西,中国建筑史.北京:中国建筑工业出版社,2015:49

第三章 台基

凡屋有三分

认识中国古建筑，如同结识一个人一般，先要上下打量一番，以获得整体感受，这种观看的感受，就是视觉体验。在建筑上，就是指建筑形态给我们的观感，建筑的形态、风格给予我们最为重要的建筑认识。

北宋沈括在《梦溪笔谈》卷十八中记有宋代工匠喻皓所撰《木经》："凡屋有三分，自梁以上为上分，地以上为中分，阶为下分。"[1] 喻皓所指的是房屋分上、中、下三个部分，也就是由屋顶、屋身和台基组合而成。

梁思成先生就此做过较为详细的论述"中国的建筑，在立体的布局上，显明地分为三个主要的部分：（一）台基，（二）墙柱构架，（三）屋顶。任何地方，建于任何朝代，属于何种作用，规模无论细小或雄伟，莫不全具此三部；……中间如果是纵横着丹青辉赫的朱柱、画额，上面必是堂皇如冠冕的琉璃瓦顶；底下必有单层或多层的砖石台座，舒展开来承托。这三部分不同的材料，功用及结构，联络在同一建筑物中，数千年来，天衣无缝的在布局上，殆始终保持着其间相对的重要性，未曾

因一部分特殊发展而影响到他部，使失去其适当的权衡位置，而减损其机能意义。"²

在一般的原则下，我们观察物体大致也就分为上中下三个部分，观看大山、树木莫不如此，这并不是建筑所独有的观察方法。当然，这也并不是中国建筑独有的观察方法，但凡建筑包括西方建筑，在立面观察上，也是分上中下三个部分，只不过西方建筑更加重视立面的完整性。所以，"三分说"不是中国建筑的立面构图特点，也不是中国建筑的理论学说，但长期以来，我们都是以"三分"作为中国古建筑有别于其他建筑体系的特征。

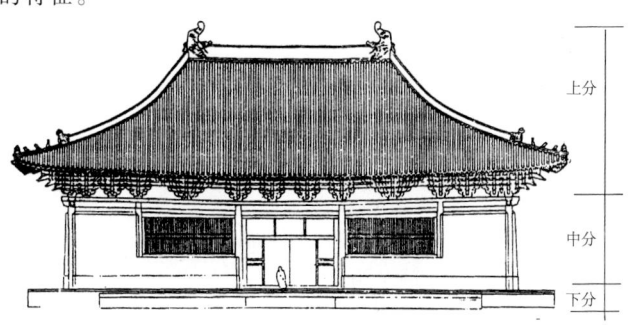

凡屋有三分

李允鉌先生指出："相信，这个三分说影响很广泛，多年来有关讨论中国传统建筑的中外著作，多半都以这个三分说作为开宗明义的……，中国古典建筑构图的特点不在于它可三分，而是它对三个部分的处理比重上是大致相等的,并且进一步加深和强调它们各自的功能形状,有意识使它们完全处于一种对比的状态下组成,并没有企图将这三种本来就不同的功能和构造形状融合成一个整体。"[3]

中国建筑的高度决定了其远观视角,因而对于建筑屋顶结构的形态及装饰极为重视,而中距离视角要求建筑三部分的比例和谐恰当,这与西方建筑主要重视立面墙体、底部和顶部,除功能性的变化其他几乎变化不大,有着很大的不同。中国建筑的立面多数是院落围和的内墙,更加重视近距离视角的装饰性和空间过渡的和谐性[4],因此立面墙体本身的变化不大,重点是放在屋顶和台基的变化上。

建筑的中观

台基的产生

台基在中国古建筑中是十分发达的一部分。梁思成先生在述及台基时说:"台基是全部建筑物的基础,也是中国建筑中的一个特征,欧洲建筑虽然有类似形制,但不似在中国之成为建筑中必有的部分。"[5]不同等级的建筑台基会产生不同的变化,一般建筑等级越高,台基也会越大越高,有的甚至是多层台基。高大的台基和多层台基多基于功能和安全需要加上栏杆,这样就造就了中国建筑极具特色的台基景观。

台基是在什么时间开始产生的呢?《墨子·辞过》有述:"古之民,未知为宫室时,就陵阜而居,穴而处。下润湿伤民,故圣王作为宫室。为宫室之法,曰室高足以辟润湿,边足以圉风寒,上足以待雪霜雨露。"上古的人还不知道怎样营建房屋的时候,居住在地势较高的洞穴里,因地面潮湿,伤及健康,所以古代圣人开始建造房屋,造房屋的方法是抬高地面来防潮,将房屋四面围起来抵御风寒,上建屋顶遮雪霜雨露。实际上,这也说明从房屋建造的开始,就有了台基存在,或者有类似地面抬高的结构部分存在。

使用台基的实例，现已有发现最早存在于新石器时期，在屈家岭文化城头山文化遗址中[6]，保存较好、规格较高、规模较大的有集中分布在城址中心附近的三座房址。它们均筑有四面坡下的黄土台基，在台基面上挖基槽，修整居住面，后起建，平面形状为方形或长方形[7]。在同期及后世夏商周不同遗址考古发掘中也都表明了建筑已有意使用夯土台基基础。河南偃师二里头遗址中[8]，一号宫殿基址夯土台基高出地面 0.8 米，四号、五号宫殿台基分别有 0.25~0.4 米、0.1~0.3 米；郑州商城遗址的宫室建筑夯土基址一般有 1~2 米[9]；殷墟宫殿建筑的基址高也在 1 米之多。

对于墨子所述的台基是先民进行房屋建造时防止"下润湿伤民"的说法，李允鉌先生提出，汉族的发源地是黄河流域，黄河自古就多发泛滥，认为台基起因是功能作用，是防洪防涝的一种安全措施，"至少说明中国人在公元前二三十个世纪曾经和洪水作过一场或者很多场很大的斗争……，中国人也许是经过了一场特大的水淹教训之后，解决的办法就是把房屋提升到地面，而且这还不够，为了安全起见，最好就是升高到一个比四周地面更高一些的台基上"[10]，另外，高大的台基在战争中也有一定的防卫作用。也就是说，李允鉌认为台基是防洪防涝及战争防卫两个功能的需要，以及从功能需要出发所造成的权势和地位的表达。

汉族的发源地虽是黄河流域，但是从大禹治水的事例中可以看出，防洪的主要措施是修筑堤坝以及开挖河渠等，并不是通过提升台基去防洪。台基充其量就是防湿防涝，李允鉌先生大概混淆了"洪"和"涝"的意思，"涝"是连日大雨，雨水不能及时排除造成的浸泡。为了有效抵御地潮及雨水浸泡而抬升地基，这是说得通的，故台基始于防洪定义有失偏颇。至于战争防卫，台基占据高点，有防卫的便利，但说台基是基于防卫功能产生的，也是过于牵强。

显然，台基的产生首先出自防湿防涝的功能需要，实际上台基同样也给墙壁和立柱提供了一个坚实的基础，为房屋结构体系的稳定起到了关键的作用。结合战国到西汉高台建筑的盛行，其形式逐渐有了表达房屋主人身份和地位的礼制规范和精神指向，在其过程中配合房屋立面的整体视觉的和谐需要，有了进一步的变化发展。

据古文献记述，台基至少在秦汉以前被称为"堂"。
《礼记·礼器》说道"有以高为贵者。天子之堂高九尺，诸侯七尺，大夫五尺，士三尺"；《周礼·冬官考工记》有言"周人明堂，度九尺之筵、东西九筵、南北七筵……，堂崇一筵"，"夏后氏世室，堂脩二七[11]，广四脩一……，殷人重屋，堂脩七寻，堂崇三尺，四阿重屋"。文献中把明堂、世室、重屋这种天子建筑物的台基均称为堂[12]。

宋代称为"阶基"。《营造法式》："其名有四：一曰阶，二曰陛，三曰陔，四曰墒。"

清代称为"台基"。《大清会典事例》："公侯以下，三品以上房屋台基高二尺；四品以下至庶民房屋台基高一尺。"

台基从何时被确切称为"台基"，各朝代关于房屋基础结构的称谓，仅从文献来看变化启承并不是十分的清晰，加之从战国到秦汉为观天象、察氛祥而广筑高台，为望神明、候仙人而大兴台观，"观四方而高曰台"。台在这一时期有固定的认识，但是否在这个高台建筑时期结束以后，台的概念被转接到房屋的基础上，具体在什么时间，还没有明确的证据。在文献中所反映的也仅是在秦汉以前对于天子的建筑明堂有出现"堂"的概念，而这个"堂"和明堂的"堂"是怎样的关联和区分，这些都需要进一步地研究。所幸的是，至清代，使用台基的文献记载就较为统一明确了。

台基一般除了承托屋身的基座（亦称基身）以外，还有供人上下的踏道（亦称台阶、踏步、踏跺），以及部分较高的台基为安全需要所围造的栏杆。

·台基· 127

上：成都羊子山东汉
墓画像砖中单阶台基
中：北魏宁懋石室石
刻中木质台基
下：陕西西安大雁塔门
楣石刻中的双阶台阶

台基基座

　　台基所承托的房屋若雄伟高大，尤其是屋顶体量较大时，从建筑的整体美学平衡上而言，台基也要高大，避免头重脚轻。台基变得高大，自然会使空间变得局促。所以，多在房屋基座前端加月台（露台），这种基座分称为月台、台明两个部分，月台多以三面设台阶，只有过小的月台只在正面设台阶。使用这种手法的建筑比较多见，月台的运用使建筑的室外次空间加大，造型更加丰富。同时，具有月台的台基也代表了建筑的等级和地位。

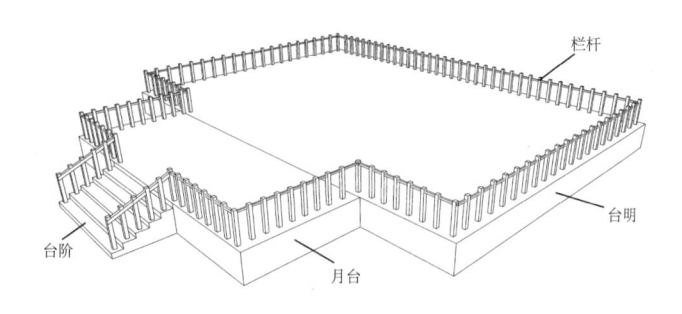

月台台基

山西长子琚村灵贶王庙明代须弥座月台

  自发现最早的新石器时期城头山遗址的台基来看，早期台基基座采用满夯土的做法。老子曰："九层之台，起于累土。"这里的夯土一般多为素夯土。商代建筑遗址的台基出现了用类似后世的素土、灰土、沙石三合土夯筑。东汉出现内夯土外包砖石的台基，形制基本和后世相同。实际上，混合夯土及外包砖石台基可能出现的更早，正是由于同期的素土夯土台基一直存在，即使是后世在低等级或简易房屋中素土夯土也是存在的，但混合夯土及外包砖石的台基具体在什么时间出现，并不是很清晰。

  龙山文化时期的建筑技术中就使用了人工烧制的白石灰作为原料，同期还发现土坯砖，西周考古发掘明确表明瓦已经使用，铺地使用方砖，春秋时期砖瓦技术已经非常成熟。中国木构建筑遗存最早见于唐代，唐代以前房屋建筑或见于图像文献，或见于建筑遗址（地面夯土遗存），或参见其他建筑类型，这使建筑技术的使用分期并不清晰明了。东汉出现内夯土外包砖石的台基，画像石图像有较为清晰的表现，砖瓦、白灰等建筑材料更早的发现，这都表明至少在东汉内夯土外包砖石的台基已经使用，甚至更早。

唐代建筑遗存已清晰认知台基的形制和结构材料，至宋代台基的建造已有明确的"标准化"条例。《营造法式》筑基及相关条例对台基建筑的技术要求、材料要求、等级要求都做了具体的规定。

台基的基座有普通基座和须弥座基座之分。

普通基座

普通基座多见于一般等级的建筑和民居、园林等建筑中[13]，也是较为常见和普遍的基座形式。满堂夯土基座后世较少使用，汉代以后外包砖石夯土基座成为普遍，所以我们今天所称普通基座一般也就是指外包砖石的夯土基座。普通基座呈方形，外包砖石部分由阶沿石（阶条石）[14]、斗板石（陡板石）、土衬石三个主要构件组成，这三个部分在不同时期、不同地域使用灵活变化，形式也呈多样。

阶沿石是基座顶面沿四周平铺的条形石，在构造上起到立面和平面的转接的作用。阶沿石在不同位置，名称也不同，如在四角又称为"好头石"，在山墙的一面称为"雨山条石"，简便起见统称阶沿石也没有错误。

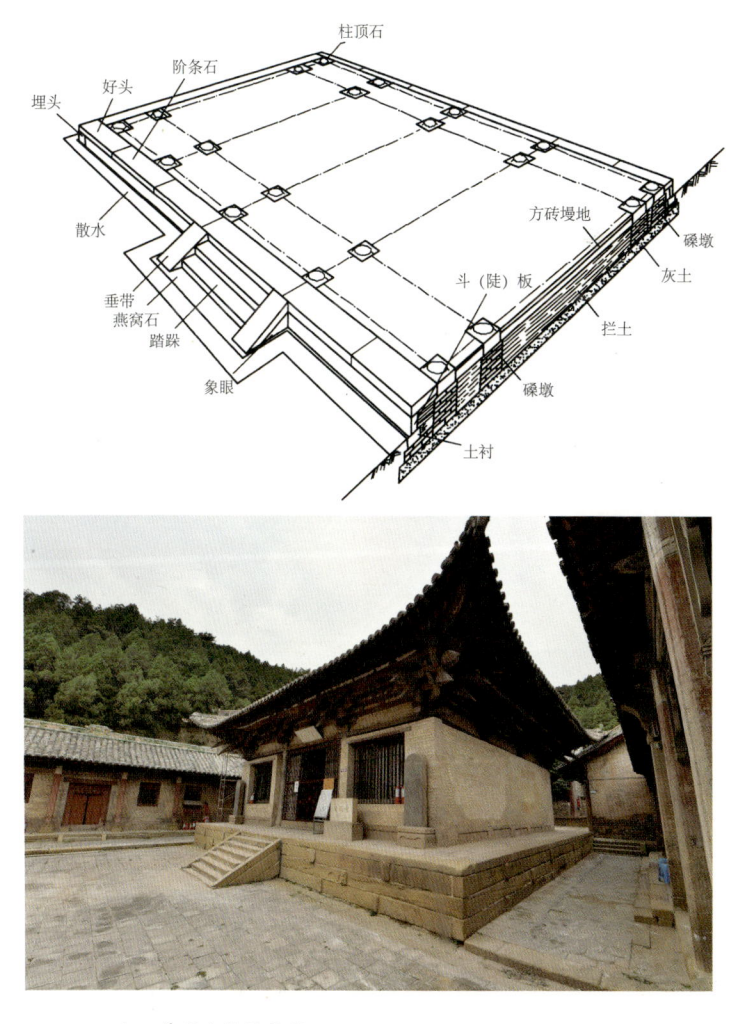

上：普通台基的构成
下：山西高平开化寺中殿台基

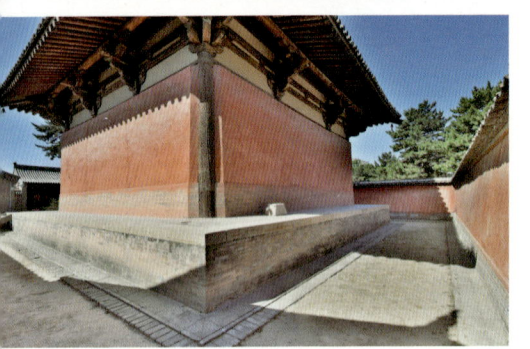

左上：山西长子布村玉皇庙偏殿台基
右上：山西长子法兴寺圆觉殿台基
左下：山西五台山南禅寺台基
右下：河北正定开元寺钟楼台基

斗板石也称陡板石，位于阶沿石之下和土衬石之上的中间部分，下端装在土衬石的石槽内，上端作榫装入阶沿石下面的榫窝内。台基的腰身陡板石部分多为石构，也有一些台基是由砖砌。使用石构的也被称为"满装石座"，使用砖砌的也被称为"砖砌台明"。

·台基· 133

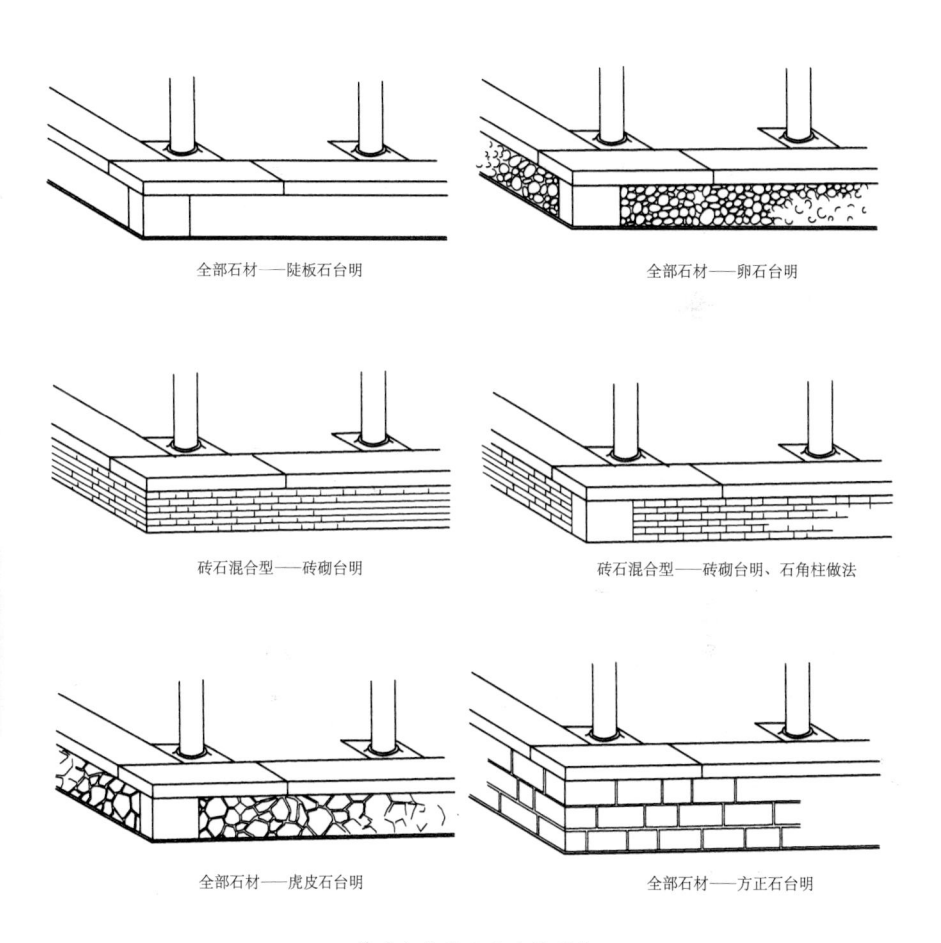

全部石材——陡板石台明

全部石材——卵石台明

砖石混合型——砖砌台明

砖石混合型——砖砌台明、石角柱做法

全部石材——虎皮石台明

全部石材——方正石台明

普通台基的几种砌筑形式

上：砖砌台明
下：满装石座

土衬石是基座露出地面部分最为底层的石构，也是保护基座自身的最为底层的石构，其外沿比斗板石向外伸出。土衬石再向四周外沿，有和地面几乎平齐或内高外低的石面，被称为散水。在发展变化中为装饰的需要，土衬石线脚变化丰富，有方口、圆口、半圆，甚至多层等多种形式。

基座平面在门槛正下方的石构被称为门槛石，门槛石也会用砖拼砌。在一些规格较高或者礼仪性建筑的台基上自门槛石至阶沿石正中线中间还设有分心石，分心石一般为纵长条。

在基座的阶沿石、斗板石、土衬石三个主体部分以外，随着台基的发展，有时也会在转角部分使用角柱石，在角柱石中间使用间柱石。形成了左右两边角柱石或间柱石，上下两边为阶沿石、土衬石，斗板石做下凹式，一般用雕花石板，也有用砖贴砌的形式，这一形式在盛唐比较流行。角柱石也有做浅浮雕以及深浮雕的样式，有些角柱石甚至做圆雕样式。在随后的演变中，间柱石随斗板石功能的增强而逐步消失，使用间柱石的台基并不多见。

转角处的阶条石相交处，有用角石过渡。《营造法式》记有："造角石之制：方二尺。每方一尺，则厚四寸。角石之下，别用角柱（厅堂之类或不用）。"宋元之前，角石有雕刻为角兽的，明清以后，这种做法几乎不用。

须弥座台基

台基基座的另一种类就是须弥座。六朝之后,"须弥座"开始在重大建筑的台基上出现,这也是佛教输入中国后带来的建筑形式的另一重要转变。须弥座最早用于佛像的底座,须弥出自佛经,梵文"sumeru",音译"修迷卢""须弥楼"。喜马拉雅山名,喜马拉雅山是佛教中的圣山,象征着宇宙中心,以须弥座为佛像基座,显示佛的崇高、至尊和无上地位。"印度的建筑形式随佛教的东来而介入中国,中国采取择其善者而吸收的态度,别的部分影响不大,在台基和一切基座上,却完全改变成为'须弥座'的形式。"[15]

须弥座随佛像进入中国,逐步用于佛塔基座,后用于宫殿、寺庙等建筑台基,唐朝时已广泛用使用,以至于后来作为一种装饰形式,几乎在所有认为需要着重关切的物体基座上都有使用。大到宫殿、佛塔、经幢、影壁等各类建筑,小到家具、文玩等的基座无不有"须弥座"的相关样式,须弥座几乎成了基座的代名词。

山西大同云冈北魏第6窟塔座,是现已知最早使用须弥座的实例[16]。整体造型分三个部分,包括上下端的枋和中间凹入的束腰,上下枋和束腰之间有弧形枭混[17],上下枋及枭混线完全平素,做对称式分布。云冈北魏塔座这种上下宽,中间凹入呈束腰的工字形基座是须弥座在中国的早期形式，也是基本形式，后世各朝代均为这个基本形式的不同变化。

唐代须弥座上下枋仍分两层，另有一些纪念性建筑须弥座上，有时不设上枋，这种样式也是唐代须弥座的显著特征。束腰常用束柱，束柱中间刻有壸门[18]，壸门饰有人物、动物或植物，人物一般为佛像或伎乐人物，动物多为狮子。枭混上常饰以仰覆莲瓣纹，莲瓣纹为两层，铺地是合莲瓣，合莲瓣上再做一层小莲瓣。素地枭混在此时期同时也存在，也有不设枭混的须弥座样式。

宋代须弥座上下枋增至三层或更多，上枋多饰有花草纹，另有云纹、水纹、万字纹以及动物纹饰，素地枋同时存在。下枋下层加有圭角，圭角为后世延用，并逐步形成制式。宋代须弥座束腰多为多层，层高不一，主体束腰层高明显高于其他层束腰，束腰同唐代相同使用束柱，束柱间饰有壸门和纹案。枭混随束腰的增多而同时增多，多层枭混多为仅有两层饰有莲瓣纹，与唐代莲瓣纹相比略显清瘦[19]。宋代须弥座层数较多，整体清秀、挺拔，有砖、石两种不同材质，《营造法式》记述有非常翔实的做法、材料及尺寸要求。

元代起须弥座又趋于简化，多数如早期一层束腰、二层上下枋、二层枭混的形态。上枋有时被处理成很薄的形式，束腰较唐、宋高度有所降低，壸门及人物纹饰已不大使用，以带状卷草代之，自元至明清束腰保持了这一样式。

明清须弥座被更加广泛的使用，其做法《工程做法则例》《营造算例》都有记述。上下枋高度基本一致，上饰有蕃草纹或宝相花等连续纹样，下枋较上枋简约、素雅，明清有些以适应整体形态的需要，下枋下接圭角增高增大。束腰基本采用椀花结带纹饰，椀花结带是由交错缠绕的花草加上两端飘带组成的纹样。束腰转角处有时自然转折，不做特别处理。也有使用角柱，称为金刚柱。柱子上下两端有如意装饰，故也称为如意金刚柱；角柱另有一样式，称为马蹄柱，也称玛瑙柱。上下枭混饰以莲瓣纹，形态丰满肥厚，无纹饰只有线脚的枭混也同时存在。高大的台基为台明散水需要，在须弥座上枋位置的角柱处安装龙头，称之为螭首[20]，通过管口将雨水从龙嘴中向外排出，既是排水设施也是装饰。

须弥座一般只使用在较高等级的宫殿、寺院、道观等以及一些纪念性建筑上，须弥座也就成了台基中高等级的结构符号。

除普通基座和须弥座台基以外，当建筑体量较为高大时，需要加大台基，同时也为满足功能尺度及整体形态的和谐，可通过多重基座来实现。多重基座也称为复合基座。大建筑体量意味着高等级建筑，故一般以须弥座复合居多，多重须弥座基座也创造出了更为庄严、雄伟的建筑形态。

·台基· 139

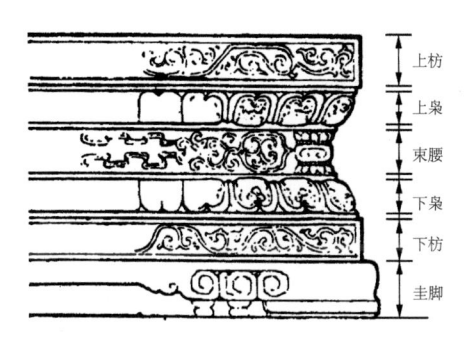

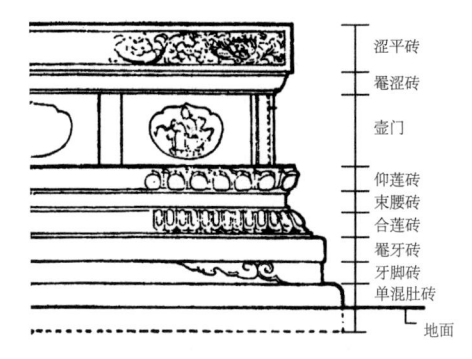

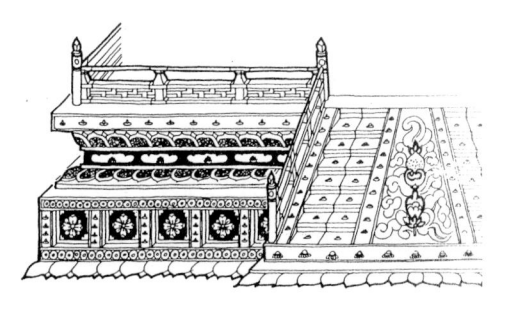

上枋
上枭
束腰
下枭
下枋
圭脚

涩平砖
冕涩砖
壸门
仰莲砖
束腰砖
合莲砖
冕牙砖
牙脚砖
单混肚砖
地面

上：清代须弥座
中：宋代须弥座
下：敦煌中唐231窟壁画中带陛石的须弥座台基

上：河北正定隆兴寺毗卢殿佛须弥座
中：须弥座台基
下：河北正定隆兴寺大悲阁大悲菩萨须弥座

台基踏道

台基有高度，从地坪到台基的台明就有一定的高差，连接这个高差的通道就是踏道。当然，台基的高度如果不大，也无须设置。除早期使用夯土以外，踏道使用石材、砖或砖石混合等材料建造的较为多见。踏道根据其形式有阶梯形踏道和斜坡式踏道。

阶梯形踏道

阶梯形踏道为层层阶石垒叠形成的通道，实质上阶梯形也是踏道的基本形式。阶梯形踏道至少在新石器时期的半穴建筑中即已使用，多由原生土中直接挖掘而成[21]，随后出现夯土踏步，最早在东汉画像砖中可见砖石结构在踏跺两旁设有垂带的踏道。

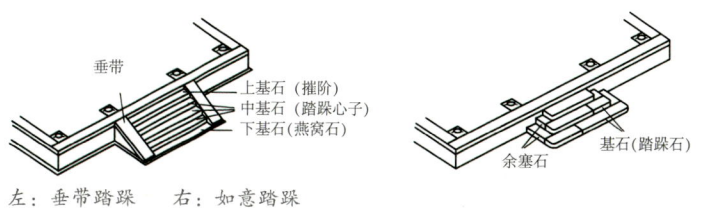

左：垂带踏跺　右：如意踏跺

阶梯形踏道形制较为固定，一般常有垂带踏跺、如意踏跺及云步踏跺等。按照使用方式有带垂手的踏跺、正面踏跺、单踏跺、抄手踏跺、连三踏跺等。

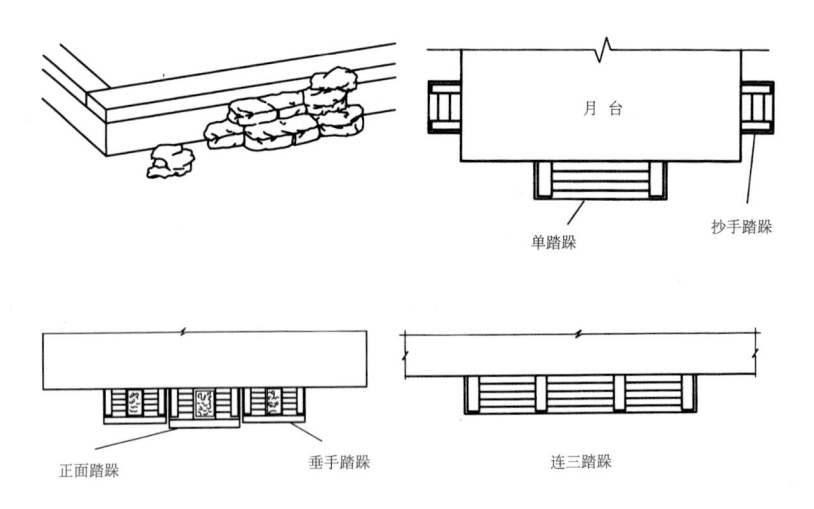

月台

单踏跺

抄手踏跺

正面踏跺　　　垂手踏跺

连三踏跺

左上：云步踏跺
右上：单踏跺与抄手踏跺
左下：带垂手的踏跺
右下：连三踏跺

·台基· 143

左上：垂带踏跺
右上：如意踏跺
左下：河北高碑店开善寺垂带踏跺
右下：山西晋祠善利泉亭如意踏跺

  垂带踏跺是由两侧垂带石固定中间踏步的做法，下置砚窝石，砚窝石上开垂带窝，用于垂带的铆接和挡堵，斜置垂带石下为三角石拦墙，称为象眼石。象眼石早期一般为素平石，宋代以后常作逐层内凹的形式，在象眼石上刻有纹饰的也有出现，但并不多见。

不设垂带石只有踏步的做法，称为如意踏跺。形式较为自由，也有些自下至上踏步逐渐减小，多用于住宅或园林建筑中。其中使用天然不规则的石块作为踏步的如意踏跺也称云步踏跺。云步踏跺更为自由，随形取石，自然形状堆砌，只要能够满足人的通行，皆可使用。

踏跺的高宽比例一般为1：2，极少特殊的形制也有1：1的。《营造法式》中记述："造踏道之制，长随间广。每阶高一尺作二踏；每踏厚五寸，广一尺。两边副子，各广一尺八寸。"

踏跺的坡度，喻浩在《木经》中论述："阶级有峻、平、慢三等；宫中则以御辇为法。凡自下而登，前竿垂尽臂，后竿展尽臂，为峻道；前竿平肘，后竿平肩，为慢道；前竿垂手，后竿平肩，为平道。"喻浩是用抬御辇辇人手臂的位置来表述踏跺的坡度的。李约瑟根据《黄帝内经太素》中人体标准体例：上身和腿6.2英尺、上臂1.7英尺、下臂1.65英尺，推演出《木经》所述坡度的比率：峻道3.35、慢道1.38、平道2.18。这些比例也就是喻浩所云"凡屋有三分"的下分。当然，在实际的踏跺应用中，并不是完全依此。

《木经》中的峻、平、慢阶级

斜坡式踏道

斜坡式踏道是不设阶梯的踏道，从地坪到基座台明为一个斜坡面，主要是为方便车马通行。斜坡式踏道常有砖、石砌成平面式斜坡，利用砖石之间的缝隙或粗糙表面形成摩擦面，在方便车马顺利通行和具有一定的摩擦和防滑之间寻求平衡。这种坡道在累年使用中也较易使摩擦面光平，造成坡面过于光滑，不利通行。

为进一步加大防滑作用，斜坡式踏道会常使用砖石侧棱砌成类似锯齿状的坡面，这种斜坡式踏道被称为礓䃰。《营造法式》中也称礓䃰为慢道："垒砌慢道之制：城门慢道，每露台砖基高一尺，拽脚斜长五尺（其广减露台一尺）。堂等慢道，每阶基高一尺，拽脚斜长四尺，作三瓣蝉翅。当中随间之广（取宜约度两额及线道并同踏道之制），每斜长一尺，加四寸为两侧翅瓣下之广，若作五瓣蝉翅，其两侧翅瓣下取斜长四分之三，凡慢道面砖露龈皆深三分（如华砖即不露龈）。"礓䃰提供了较好的防滑通行效果，也常用于行人坡道。

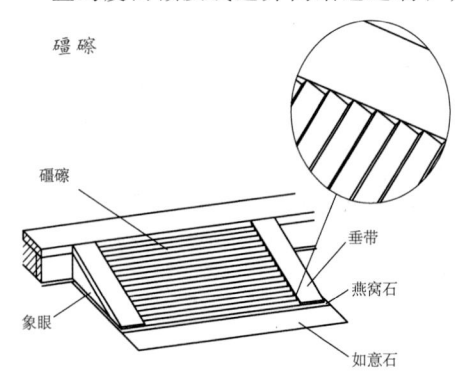

礓䃰

礓䃰
象眼
垂带
燕窝石
如意石

在踏道中另有一种等级至高的殿堂踏道称为"丹陛"。刘慎《说文》："升高阶也。从阜,坒声。"一般认为"陛"的本意是指台阶,后特指帝王宫殿的台阶,"古'阶'与'陛'同义,自秦汉始,'陛'为宫殿、坛庙台阶的专称"[22]。这种解释也不是没有出处的,蔡邕《独断》卷上:"谓之陛下者,群臣与天子言,不敢指斥天子,故呼在陛下者而告之,因卑达尊之意也。"后来,"陛下"就成为对帝王的敬辞。从蔡邕对帝王称为陛下的解释可知,群臣与帝王说话,不敢直呼帝王,所以先喊一声在陛下的侍从,久而久之"陛下"成了对帝王的尊称。侍从是在帝王宫殿之下,是故在陛下就是在宫殿台阶之下。这看起来很有道理,但是同理我们也知道殿下是对帝后、帝妃及太子、公主、诸亲王的敬称,那么这个"殿"被认为是帝后、帝妃居住的普通宫殿和帝王的宫殿不同。而不同的宫殿一个称为陛下、一个称为殿下,这并不通顺,也不合常理。即便是帝后、帝妃居住的普通宫殿,也并不是帝后、帝妃的专属宫殿,也是帝王的寝宫。刘慎说"陛"是登高的台阶,这个说法是没有错误的,但是这个台阶却不是其他的台阶,是帝王专属的台阶。帝王专属的台阶,前有战国到秦汉的高台,帝王作为天子登高以和天通,后有帝王宝座下的座台台阶,这些都是帝王专属。所以,"陛"早期指高台建筑时期帝王为登高而使用的台阶,高台建筑逐渐消失后,又专指帝王宝座下的台阶,后被延伸至帝王所有使用的宫殿的台阶。只有这样陛下和殿下的层级关系才更为清晰。

宫殿的台阶,有两边设有台阶,中部为斜面上雕刻龙凤卷云的石块,这个中间斜坡被称为"御路",也称为"陛石"。更早的时候出现在帝王或佛尊座椅下的台基上,后被用于重要宫殿、庙宇等建筑的台基,常采用汉白玉或大理石雕刻,浅浮雕与线雕相结合,主要纹饰有龙凤、云纹、水波纹、团花、宝相等。李允鉌认为这种由两边台阶和中间御路组成"两阶一路"的形制,可能是继承古代的"两阶制"遗风,将东西二阶合并而成的产物,认为御路"不过只是供给最尊贵的人使用,犹如西方的红地毯而已"[23]。这一论断如从"御路"实际功能使用上认识过于武断,斜置的浅浮雕"御路"高低不平,防滑效果较低,基本无法行走。其实李约瑟先生早有论述,这就是一条"充满浮雕的精神之路",更多的是礼仪上的,而非行通行功能的路。

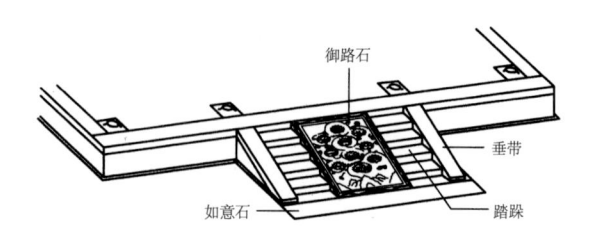

御路踏跺

·台基· 149

故宫保和殿御路石

左：御路石海水龙纹样
右：御路石宝相花纹样

栏杆

栏杆随着台基而产生，主要功能是形成空间分割，使人不再前行或防止人坠落。通常栏杆和台基一体，因台基是中国建筑立面重要的形态内容，栏杆也就成为中国建筑立面构图中重要的元素。在中国建筑空间的组织和分割上受到高度的重视，在功能和视觉形态上逐渐发挥重要作用，这也形成了栏杆的构造形态。

栏杆古时写作阑干，为纵横交错之意，纵木为阑，横木为干，纵横交错之木构成阑干。这也可知，栏杆早期是木构形态，在其后的发展演变中，木栏杆尤其是室外的木栏杆，没有遮挡，受风雨侵蚀易损坏，为增加其使用强度和耐久性，逐渐采用石构栏杆。石构栏杆一般使用在室外，并没有完全取代木构栏杆，而是根据使用位置的不同并存并用。石栏杆一直遵循并沿用木栏杆的形制，也就是说木栏杆和石栏杆的构造形态是相同的，这点和中国建筑结构中斗栱构件类似，在塔等中国建筑类型中，无论是使用石、砖甚至铁的材料，斗栱形态无不是模仿木构斗栱。在栏杆的发展过程中，也出现了砖砌栏杆或铁制栏杆，但其根本还是木构栏杆形态，因使用范围较少，并没有形成自己的形制体系。

距今7000余年前的浙江余姚河姆渡新石器聚落遗址中，发现有木构的直棂栏杆[24]。其构造形态由纵横木构成，纵木"阑"就是后期所说的"望柱"，上部用作扶手的横木为"干"，称为"寻杖"，下方横木称为"地栿"。望柱、寻杖、地栿构成矩形框格基本单元，连续延展形成栏杆。此为栏杆的起源形态结构，后期使用的栏杆均在此基础上演变而来，基本形态上并没有发生太大变化，多为装饰性修饰。

　　装饰性最大的变化是在框格的基本单元中，结构、花纹、图案有着诸多的变化。框格结构根据使用情况做不同的虚实处理，这种虚实处理既有功能需求也有视觉的考量，从需要出发选择通风或避风，稳重或轻快。框格单元有的处理成全部通透，有的处理成半通透，有的处理成不通透，一般通透的寻杖栏杆和实心栏板较为多用。栏杆在使用过程中因高度的原因，从视觉上和背景关系密切，古代匠人较好地使用了统一连续的法则，使栏杆的形态和门、窗产生了关联，诸多门窗形态和栏杆等高部分，形态处理具有很大的一致性。

　　在汉代绘画和一些陶屋明器中，有大量简朴、大方的栏杆形式，栏杆形态基本成熟，已经具有望柱、寻杖、阑板等形态。阑板有直棂、卧棂、斜格、套环等多种。

　　最晚至隋代，栏杆中已使用盆唇、蜀柱。盆唇位于寻杖下面，阑板之上，中间用蜀柱，支撑盆唇和寻杖，使寻杖更加坚固耐用，

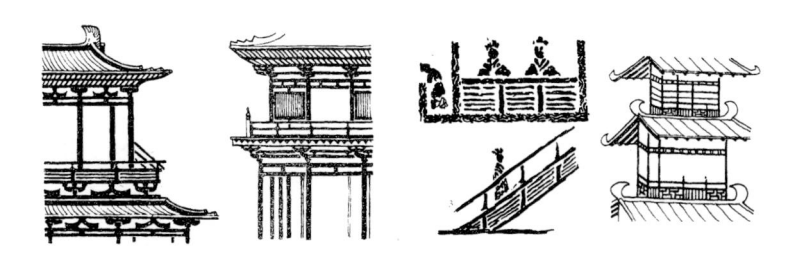

画像石、壁画、石刻等中建筑栏杆的形象

栏杆的结构更为丰富和空灵。

唐代栏杆继承了上世基本手法，且更为丰富华丽。装饰性图案的大量使用，在寻杖、阑板、望柱等部位饰以图案，阑板既有实体阑板，也有透雕阑板，望柱、蜀柱有多种变化，整体呈现典雅和华贵的形态。

唐代及之前木栏杆的寻杖多为通长形态，在寻杖转角位置一般有"寻杖绞角造"和"寻杖合角造"两种处理手法。寻杖绞角造是在转角处不用望柱，两边寻杖相互搭交，且相互伸出。寻杖合角造是寻杖转角处，两边寻杖交于望柱，不伸出。唐及之前支托寻杖的有蜀柱，也有撮项等。望柱有方形、圆形、八角形、瓜棱形等。

宋代《营造法式》中记述有重台钩阑和单钩阑两种石栏杆形式。从体例上看，他们仍然是木构造的形式，寻杖和盆唇都并不适宜于石材的加工。

宋重台钩阑和单钩阑有一定的区别。重台钩阑等级较高，尺寸也比单钩阑大（重台钩阑高四尺每段长七尺，单钩阑高三

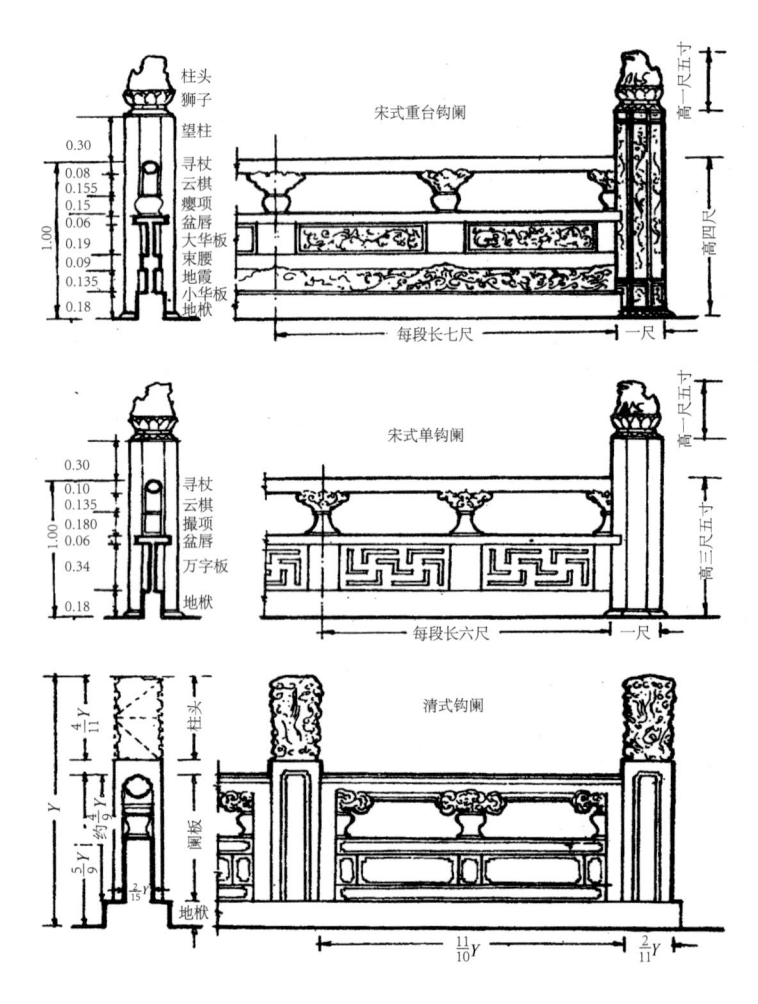

宋重台钩阑、单钩阑与清钩阑

尺五每段长六尺）。重台钩阑用两层阑板，盆裙以上支托寻杖的构建，用云栱和蓼项组合，望柱（断面为正八边形，柱头一般为仰伏莲花上坐狮子状）刻有纹饰，柱础为覆盆莲花。而单钩阑仅用一层万字阑板，寻杖下改用略显清瘦的云栱和撮项组合，望柱为素地。

重台钩阑望柱间的阑板自上而下为寻杖、云栱、蓼项、盆裙、大华板（带蜀柱）、束腰、小华板（不带蜀柱，也有称为地霞）、地栿；单钩阑为寻杖、云栱、撮项、盆裙、万字板、地栿。宋式钩阑并不是每一段都用望柱来收束的，望柱一般是在转角和开始的地方使用，这也是木构性质的表现[25]。钩阑开始结束处有时使用抱鼓石作收尾，这种处理方式影响了后世。

清代的栏杆有较大的改变，结构更为合理，造型更为紧凑，整体视觉效果变化大。寻杖断面形为更有利于石材加工并更为

莲花头——俯莲头，多用于园林

蕉叶柱头，多用于宫廷园林

莲花头——仰俯莲，多用于园林

水纹柱头，多用于园林或特定环境中

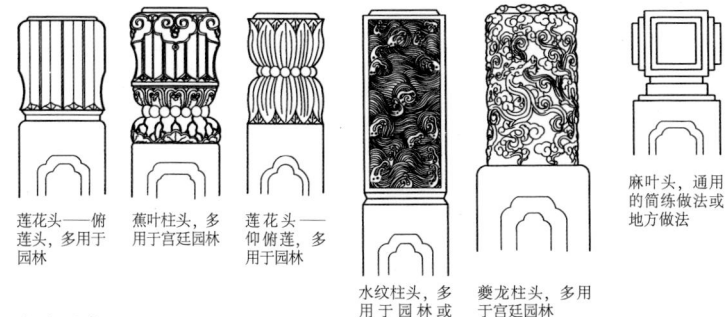

夔龙柱头，多用于宫廷园林

麻叶头，通用的简练做法或地方做法

柱头形式

坚固的多棱正方形，而不是宋式的圆形；寻杖下用荷叶净瓶作支撑，两望柱间，中间用一荷叶净瓶，两端各用一半荷叶净瓶。栏板只有一层，装饰多为素地，雕刻纹饰较少，起伏程度也少。

清式栏杆强调了望柱的作用，在每一个标准段均用望柱，因此栏杆整体视觉上，产生最大变化的缘由就是望柱变化。清式望柱一改宋式紧贴地栿侧面的特点，直接立于地栿之上，望柱为正方形柱式，柱身简化，柱头变化丰富，柱头加大加高，形成了一套程式化柱头样式，有云龙、云凤、火焰、叠云、石榴、仰覆莲花、狮子、幞方等柱头形式，由于望柱直接榫接地栿，所以望柱无柱础。

清式栏杆尺寸并不固定，主要由望柱作为基准决定其他构建尺寸，清《营造算例》规定："长身柱子高按照台基明高二十分之十九，下榫长按见方十分之三。见方按明高十一分之二。柱头长按见方二份。如殿宇台基月台安做。高按阶条上至平板枋上皮高四分之一即是。"

栏杆在使用过程中，根据使用部位不同及为配合其他结构，栏杆因地制宜的在基本形式基础上，产生过一物多用的诸多变化，比如亭榭楼阁和游廊中的坐凳栏杆、靠背栏杆等，木质栏杆也有呈家具化的变化组合。

在栏杆的望柱下，为疏排积水，同时也防止台基里面不受水侵，常有伸出台基一定距离的排水口，排水口形制常用螭首。

螭是龙之六子，能吞江吐水，在极具装饰感的同时，也有祈福呈祥的象征意义。

上：山西长子法兴寺内栏杆
下：北京颐和园清代栏杆

铺 地

古代室内地面仅是夯土地基[26],泥土地面在近代的很多乡村仍然沿袭使用,即使在今天有的偏远乡村,不重要的房屋室内泥土地面一样存在。在后期发展中逐步有了石灰混合土地面和砖石铺贴的地面,在一些重要的房屋内常用宽木条作为地板。石灰混合地面多在南方地区使用,砖石铺贴地面在北方多见,这些运用经过了中国历史若干个世纪。

在原始社会时期的遗址中,就发现通过烧烤的方式硬化地面的情形,用以平整隔潮。安徽蒙城尉迟寺新石器晚期文化遗址中,发现一个总面积达1300平方米的大型中心广场,呈圆形,用红烧土粒铺设而成,厚10厘米,表面光滑,从剖面可明显看出人工铺垫的迹象。在新石器中期的遗址中发现有卵石铺砌的室外路面,以卵石竖砌散水,至少始于西周中期,唐代以后就多用砖砌了。

铺地砖最早发现在今天的陕西扶风齐家村,大约为西周晚期,砖为50厘米见方,底部四角有圆形凸点,用以固定于垫层。

河南新郑郑韩故城遗址中,也发现春秋战国时期四面有转角棱的铺地砖,整砖略小,大概35~45厘米见方。除素地砖以外,表面也有米字纹、绳纹、回纹,以防滑。

秦代遗迹中发现使用锯齿截面、带子母榫的砖,砖规格为50厘米×35厘米×5厘米。在秦始皇兵马俑坑内,有略呈楔形的铺地砖[27]。汉代以后条形砖、方砖铺地多见,在汉墓中铺地形式丰富多样,也有用石板或空心砖铺地,东汉出现工艺要求较高的磨砖,以使对缝平齐。唐代铺地砖侧面磨成斜平面,表面对接基本看不到砖缝,且砖与砖黏合度好,结实牢固。宋代开始普遍使用石灰黏合,更为牢实,砖铺砌的防水性和黏合度有了非常大的提高。

砖砌铺地为了防滑同时也起到装饰的作用,铺地砖会在表面做花纹以及铺砌成不同的纹样。砖的表面纹饰,秦代有回纹;汉代有四神纹,也有文字和花纹组合的,如千秋万岁、长乐未央等吉祥文字纹饰;唐代有宝珠莲纹等。

在砖的铺砌方式上,根据使用地点的不同呈多样性变化。一般在宫殿建筑中使用陡板十字缝、方砖斜墁、斜柳叶、直柳叶等;在小式建筑中多用方砖十字缝、条砖十字缝、拐子锦、条砖斜墁等;在民居及园林建筑中用八方锦、套八方、席纹、人字纹、柳叶人字纹等，也有龟背锦、八卦锦、万字锦等有吉祥象征意义的铺砌方式。在明清住宅和园林庭院中，还有使用一种或多种材料组合，充分使用碎砖、碎石、碎瓦、陶瓷片、卵石等建筑废料[28]，铺砌成几何纹饰、动植物、文字图样的方式。形式和图形丰富多样，因地制宜、因材制宜，在江南一带被称为"花街铺地"，这种形式多用于室外及庭院地面铺设。

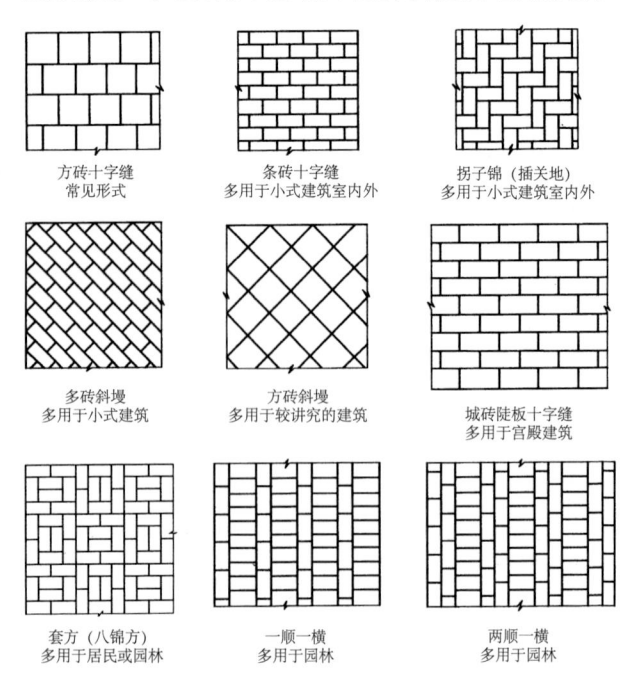

方砖十字缝
常见形式

条砖十字缝
多用于小式建筑室内外

拐子锦（插关地）
多用于小式建筑室内外

多砖斜墁
多用于小式建筑

方砖斜墁
多用于较讲究的建筑

城砖陡板十字缝
多用于宫殿建筑

套方（八锦方）
多用于居民或园林

一顺一横
多用于园林

两顺一横
多用于园林

地面砖铺砌的多种样式

1.《木经》传为五代末、北宋初浙东人喻皓所撰写。喻皓是一位出身卑微的建筑工匠，其生卒年代不详，因历史上的记载缺乏，只知道他在北宋初年当过都料匠（掌管设计、施工的木工），长期从事建筑实践。宋欧阳修《归田录卷一》曾记载喻皓设计修建了开封开宝寺塔让木塔略向西北倾斜，并预言在一百年内塔就可以被风吹正，称赞他为"国朝以来木工一人而已"。传喻皓在晚年写成了《木经》三卷，《木经》是一部关于房屋建筑方法的著作，后来失传。沈括《梦溪笔谈》中有简略记载的片段。

2. 梁思成，梁思成全集（第六卷）. 北京：中国建筑工业出版社，2001：237

3. 李允鉌，中国古典建筑设计原理. 天津：天津大学出版社，2005：12

4. 中国建筑檐下的墙面和空间形成了从室外空间向室内空间过渡的次空间，现代建筑称为灰空间。这个空间也是整体视觉的和谐过渡。

5. 梁思成，清式营造则例. 北京：清华大学出版社，2006：45

6. 城头山古文化遗址位于湖南省常德市澧县，是中国南方史前大溪文化至石家河文化时期的遗址，也是迄今中国唯一发现时代最早、保护最为完整的古城遗址。

7. 湖南省文物考古所，澧县城头山：新石器时代遗址发掘报告（上）. 北京：文物出版社，2007：89

8. 二里头遗址位于洛阳盆地东部的偃师市，初步被确认为夏代中晚期都城遗址，其年代约为公元前1750年—公元前1500年。二里头遗址对研究华夏文明的渊源、国家的兴起、城市的起源、王都建设、王宫定制等重大问题具有重要的参考价值，被学术界公认为中国最引人瞩目的古文化遗址之一。

9. 郑州商城遗址是商代中期的都城遗址，位于郑州市管城区，总面积达25平方千米，是先周时期仅次于殷墟的庞大都城遗址，城墙的始建年代为公元前1500年左右，有学者认为此是"汤始居亳"的亳都。

10. 李允鉌，中国古典建筑设计原理. 天津：天津大学出版社，2005：173

11. 脩同修

12. 明堂、世室、重屋是古代帝王"宣明政教"的地方。夏朝叫"世室",商朝叫"重屋",周代才有"明堂"之称。凡朝会、祭祀、庆赏、选士、养老、教学等大典,均在这里举行。从上古至唐宋,其制度各异,各朝营建时的形制与规模不尽相同,学界有不同的认识。
13. 刘捷,中国传统建筑装饰艺术:台基. 北京:中国建筑工业出版社,2010:24
14. 宋制《营造法式》称压阑石,清制《工程做法则例》称阶条石,吴制《营造发源》称阶沿石。
15. 李允鉌,中国古典建筑设计原理. 天津:天津大学出版社,2005:175
16. 潘谷西,中国建筑史. 北京:中国建筑工业出版社,2015:264
17. 指作凸凹状的装饰线角,其截面为上半部呈内凹圆弧状为枭,下半部呈外凸圆弧状为混(又称半混);也可将其上下均分为三部分,上为枭、中为炉口、下为混。有时古建筑中的阴阳砖也称枭混,由侧面作凹进的圆弧状的枭砖和侧面作凸起的圆弧状的混砖组成。
18. 《营造法式》写作"壶门",疑为多版本抄刻误写,原应为"壸"。张驭寰认为,"壸门实际上是佛教常用的佛龛,将龛窟形象取下,进行线刻,就出现了壸门"。壸门的轮廓有圆弧形、长方形、扁长形等,通常是在上端中间有突起,形状犹如葫芦壶嘴。佛教建筑中能显示尊贵的入口之处一般都会采用壸门样式,如佛道帐、佛龛和佛堂,其内部常常雕有佛像、菩萨、佛教题材的故事以及植物、动物等图案。
19. 李金龙,识别中外古建筑. 上海:上海书店出版社,2016:16
20. 古代相传为无岔角的龙,螭是龙之六子,能吞江吐水,极具装饰感的同时,也有祈福呈祥的象征意义。
21. 潘谷西,中国建筑史. 北京:中国建筑工业出版社,2015:264
22. 李允鉌,中国古典建筑设计原理. 天津:天津大学出版社,2005:313
23. 李允鉌,中国古典建筑设计原理. 天津:天津大学出版社,2005:177
24. 潘谷西,中国建筑史. 北京:中国建筑工业出版社,2015:265
25. 李允鉌,中国古典建筑设计原理. 天津:天津大学出版社,2005:254

26.【英】李约瑟,中国科学技术史（第四卷第三分册 土木工程及航海技术）.北京：科学技术出版社,2008：135
27. 潘谷西,中国建筑史.北京：中国建筑工业出版社,2015：266
28. 这种铺砌方式,因充分使用建筑边角料而产生,也因建筑废料的有限性,而逐步有了专有材料。此方式环保经济、创作自由,在之后的庭院铺设中大量的运用。

第四章 木构架

木构架的形式特点

中国建筑自有遗址可考的西安半坡原始社会地上和半穴居式房屋,历经千万年的演变发展,其间错综复杂。建筑结构的选用,不外乎墙承重和框架承重两大技术方向。而直至近代,中国建筑墙承重和框架承重一直以来是并用或者是混合使用的,不过和在建筑材料主流选择木构而不是石构相同的是,木框架也成为中国建筑结构的主流。我们可以想象,无论是早期的夯土或者秦汉以后的土砖墙,既要作为围蔽结构又要作为承载结构,很难优于木结构铆接作为承重结构,再以较少的土或砖作为围蔽结构。

木结构建筑是以木材构成各种形式的屋架或框架作为整个建筑物的荷载主体。屋架由立柱、梁枋、斗栱等构成,屋面的重量通过梁架由斗栱到立柱层层传导,墙壁、隔板不荷重,只起到分割和围护作用。

木构架的特点

以木材为框架的益处是显而易见的。

在自给自足的自然经济下，早期中国建造房屋，如果并不居住在山区，若使用石材，需要购买并还要支付石材加工的费用。而木材可以自己种植获得，房前屋后、道路河边、田间地头，无法进行大片种植谷物的地方都可种植树木，短则3~5年，长则8~10年，树木便可成材，现今陕西西安附近的农民简直就称他们种植的树为柱梁或椽子[1]，逐步积累木材后，就可在最低财力付出的情况下，满足建房屋的材料。

木材轻韧容易雕琢，且木构架建筑修建技术并不是十分复杂，结构模式化程度高，乡间熟练木工较容易掌握，建筑建造可以采用帮工互助，在几个熟练木工的带领下，合理分工，在很短的时间内就可完成居住房屋的营建。

木构架房屋对地形的适应性极好，即使在山地狭窄的地方，也可通过调整不同柱子的长短以适应地形，并不要过于平整山形，建造成本低。

木结构建筑为长方形平面，以间为建造单元，如若想扩建房屋，可在原房屋基础上增加间数，用以增加房屋面积，扩建形式灵活多样。同时，木构建筑也易于拆掉异地重建，木构拆装重建，材料损失不多。这种方式包括皇室宫殿也曾应用，如东魏就曾拆迁洛阳宫殿到邺城。

木结构同样也存在着诸多的不足，如木结构在垂直承载上表现较好，但在水平推力上却有不足，木层框架之间以及与基础之间的结合并不是十分紧密，因此在大风及较大的水平力下，房屋容易坍塌，这也是围护结构常制作较厚（除防寒保暖以外）的重要原因。

木构架的形式

关于中国建筑木构架的形式，《营造法式》中记述了殿堂结构、厅堂结构、簇角梁结构三种形式；清代《工程做法则例》中分为大式结构和小式结构。这种分类主要是以建筑类型、规模为依据的，也有从建筑的形式出发划分为庑殿形式、悬山形式、硬山形式等。但不管是建筑类型、规模或是建筑形式，从木结构的做法上来说，主要有抬梁式、穿斗式、井干式三种木构架形式。

抬梁式结构。抬梁式在中国建筑中应用这种广泛，这种结构形式至少不迟于春秋晚期已经基本成形。抬梁式结构主要由四个部分组成，底部直立承重的立柱，上部承重的梁栿、槫（檩）、椽，以及中部用以连接分散重量的枋和斗栱。抬梁式以房屋进深方向设柱，柱上托架梁栿，梁栿上再施加蜀柱（瓜柱），蜀柱再托接梁栿，逐层叠接，梁栿也逐层收短，直至起脊设脊槫；隔层梁头和蜀柱上设槫，槫上再接椽，屋面重量由椽到榑到梁，再到立柱逐层传导，在梁架中间由枋进行关联，形成整体。两组梁架形成"间"，间数增加相应增加梁架数量。抬梁式梁架结构因时代、地域工法不同，形式也变化多样。

抬梁式木构架结构较为复杂，用料较大，内部能够产生较大的使用空间，整体结实耐用，具有气势，长江以北地区喜用。抬梁式结构有一种用于建造一般小规模的住宅，不用斗栱，柱上直接承托梁栿、榑，被称为柱梁作，清代称为小式建筑，多用于悬山顶[2]。

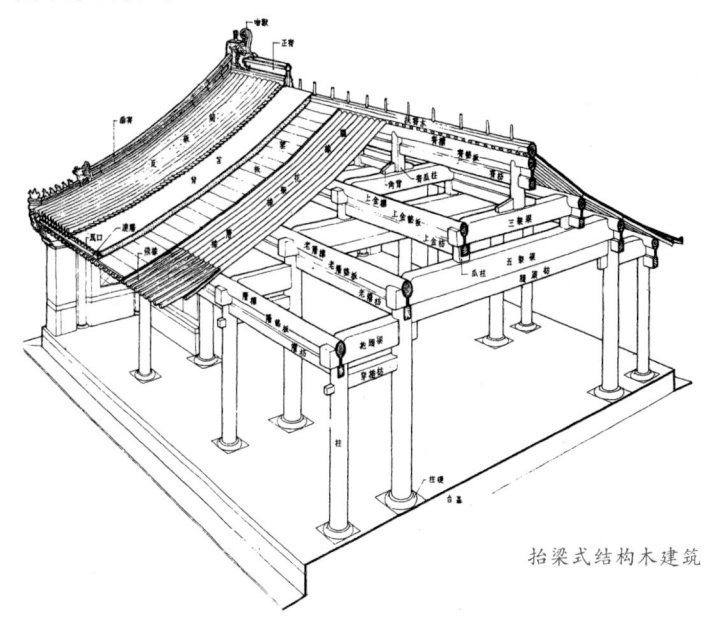

抬梁式结构木建筑

宋《营造法式》记述的殿堂式结构、厅堂式结构均为抬梁式木结构做法。

殿堂式构架由柱层、铺作层（斗栱、柱头枋和明栿组成）、屋架层三个水平层自下而上叠接构成，内柱和外柱高度相同。铺作层形成水平的网架放置在柱网上，以保持构架的整体稳定，相当于现代建筑的圈梁[3]。

厅堂式的主要特征是由相对独立的垂直性构架组成，柱数、柱位及柱子的高低根据建筑的需要设置，混合使用在同一座建筑中，使用手法灵活。如果说殿堂式是水平层叠接，厅堂式就是垂直构架的拼合。

抬梁式内外柱等高的殿堂结构木构建筑

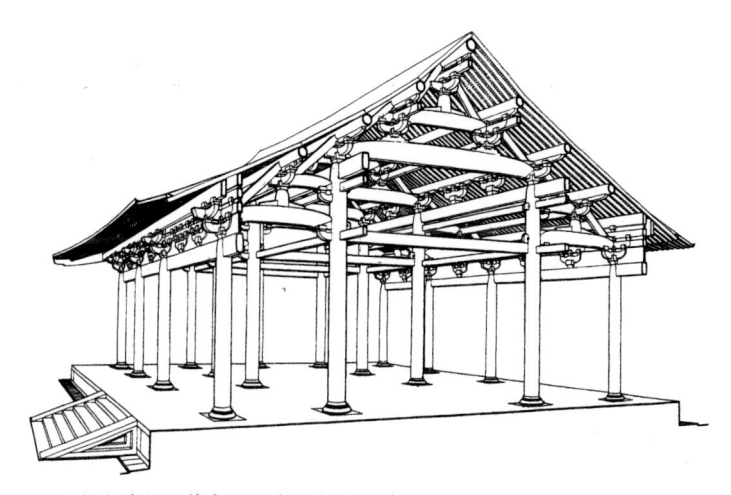

抬梁式内外柱不等高的厅堂结构木构建筑

殿堂式和厅堂式现存早期比较有代表性的中国建筑：南禅寺大殿属于厅堂式，佛光寺大殿属于殿堂式。

殿堂式构架沿袭至明清，产生了一定的发展和变化。在一些重要的殿堂建筑上，柱头部位除了原有横向连接的额枋以外，在纵向上增加了随梁枋，使柱网纵横相连，加强了稳定性。这一变化，也是明清建筑中斗栱失去了承载的作用，简化变小，成为装饰结构的重要原因。而厅堂式结构至明清就更为简化，成为小式建筑。

穿斗式结构。穿斗式结构用柱子直接上贯承托房榑，柱子直接承受榑转接的屋顶的重量，不用架空的抬梁，柱与柱间用枋串接，形成整体。这种结构柱子排列紧密，可以不使用较大的木料，较为经济，用较小的木材也可建造大房屋，且网状构造也十分牢固，但柱枋较多，室内不易形成较大的连通空间。南方多雨少雪，不似北方冬季房顶积雪承重大，所以穿斗式结构在江南地区使用较多。

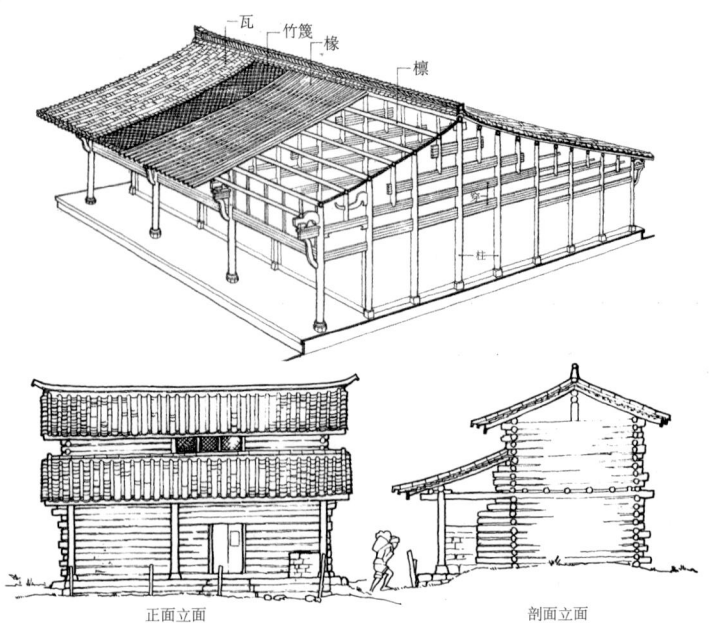

上：穿斗式结构木建筑　　下：井干式结构木构建筑

在江南边远山区及较为潮湿的地区，另有一种近似穿斗式结构的房屋。先用柱子在底层做一高台，以防潮虫，台上放梁再铺以木板，其上再接以穿斗结构的房屋，这种结构也称干栏式结构。

在中国建筑房梁结构的使用中，根据具体使用情况，也存在房屋两侧山墙使用穿斗式结构，中间各梁使用抬梁式结构的混合使用方法。

井干式。井干式木构架使用圆木或方形、六角形木料横置自下而上层层累加，在转角端部交叉卯和，形成房屋四方墙壁，犹如围栏；顶部山面再置以逐渐减短的木料或者矮柱，承接榑和脊榑，构成房屋。

井干式结构需使用大量木材，在大型建筑上受限，并且门窗结构上的处理也多受限。所以，这种结构远不如抬梁式和穿斗式使用范围广泛。现仅在西南山区、东北林区存有极少量井干式结构的房屋。

在这三种主体结构外，另有亭阁的梁架做法，也是《营造法式》提及的簇角梁结构，做法和抬梁式结构角梁处理的方式几近相同，所以这里不做过多陈述。另有一种古老的结构做法为人字梁或斜梁，至今仍在一些简易、较轻的房屋中使用。在发展演变中，有加用下弦成为三角架；也有加用反向人字木，成为复合式的三角架，这些做法都使抵御水平推力的能力加强。

柱和柱框架

柱是中国古建筑垂直荷载的主要承重构件，在建筑营造中是需要重点关注的问题。

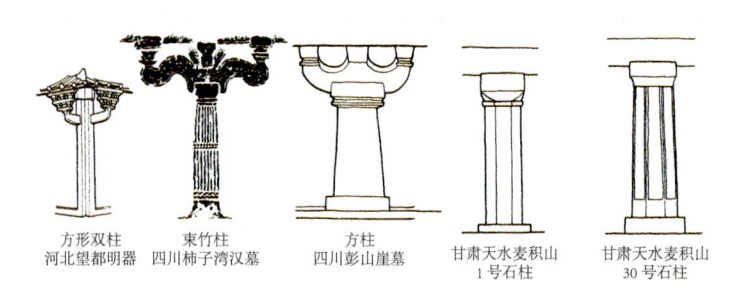

方形双柱	束竹柱	方柱	甘肃天水麦积山	甘肃天水麦积山
河北望都明器	四川柿子湾汉墓	四川彭山崖墓	1号石柱	30号石柱

柱子的种类

柱子种类繁多，根据其用材有木柱、石柱、砖柱等之分；根据其外形有直柱、梭柱等之分；根据其断面有圆柱、方柱、瓜楞柱等之分。

上：不同形式的柱子
下：石质柱子

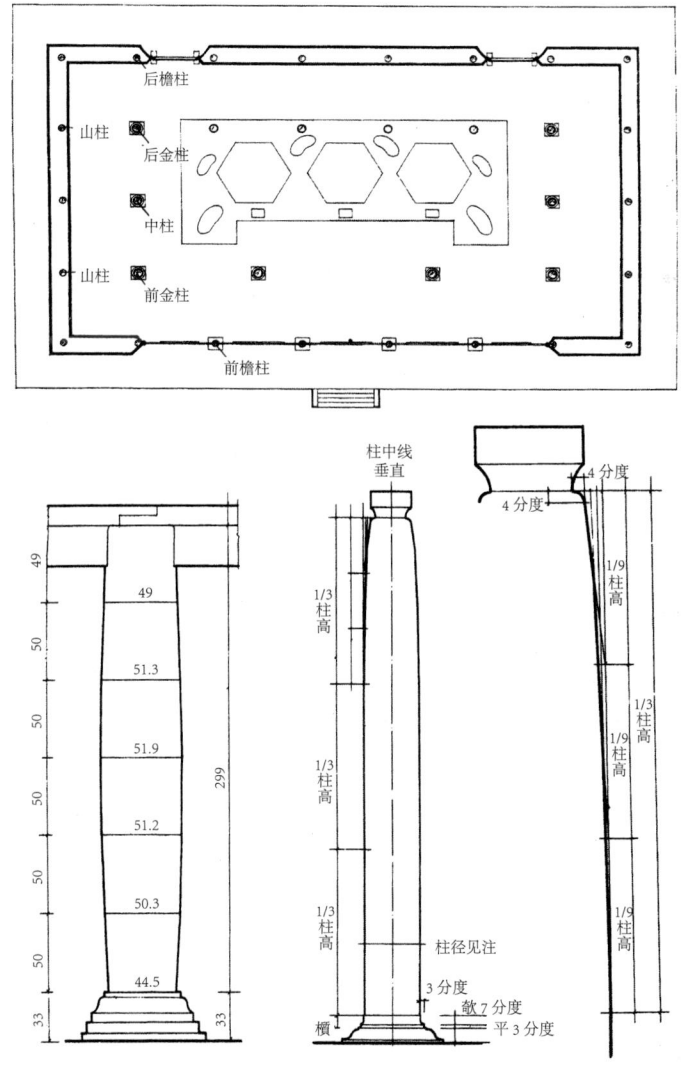

上：不同位置的柱子　下：梭柱的做法

柱子在结构中承担的角色各异，根据其使用位置，大致分为外柱和内柱两大类。

外柱在建筑外周，有显露。前后檐的位置称为檐柱，两山墙的位置称为山柱，屋角的位置称为角柱，房门有垂花柱。

内柱有金柱、中柱等，房屋最内的柱子称为内金柱，内金柱和檐柱中间的称为外金柱。民间也有按照前后方位把内外金柱称为前金柱和后金柱的，上端支撑脊檩的被称为中柱，内柱用于梁架间又有脊柱、瓜柱等。

另外，在一些塔、亭中有塔心柱、刹柱、雷公柱等。

在柱形的整体处理上，一般有上细下粗、梭柱两种方式。柱子上细下粗，既符合承重的原理，也符合树木的生长状态。梭柱是外形如梭的柱子，梭柱两端细中间粗，外形极具肥韵，饱满而又多显柔美，犹如唐朝美女的形态，故梭柱在唐朝尤为流行。

在多层建筑楼阁等，上下层用柱的处理上，一般有缠柱造和叉柱造两种类型。缠柱造是将楼阁一层建筑的檐柱延伸至二层平座处，在檐柱一层部分附加圈柱，形成重柱，圈柱紧贴后面的檐柱。河北定兴慈云阁就运用了这种形式的缠柱造。叉柱造是在下层的柱子上再续接上层柱子，上层柱子用十字口插在下层柱顶的斗栱上，二层柱子向内移动一定的距离。

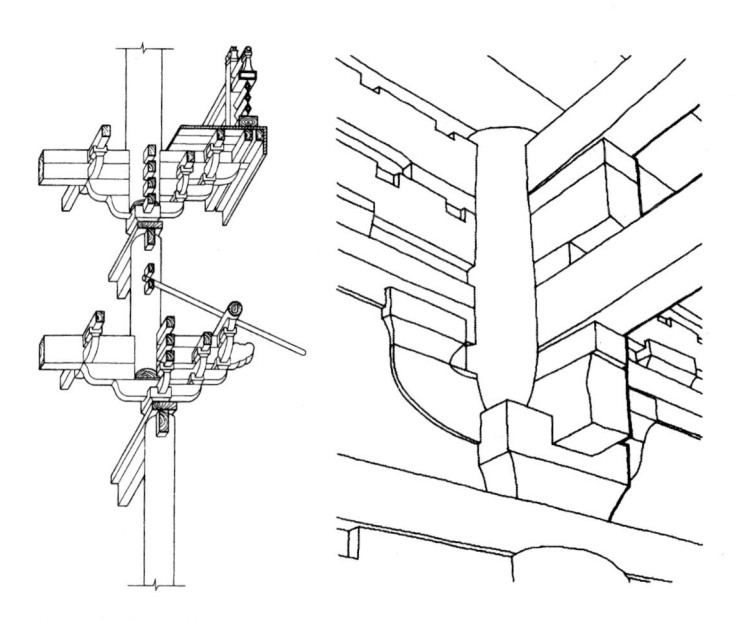

左：叉柱造的形式
右：天津蓟县独乐寺观音阁的叉柱造

  房屋用柱处理中还有一种较为特殊的手法，当柱子用料不足的时候，工匠会用多个木料暗卯拼合成可用之料，这种柱子称为包镶柱子。包镶柱子的方式多样，有小木料围包大木料，以增大木料；有用等份木料直接拼合等。浙江宁波保国寺大殿的柱子使用了包镶手法。

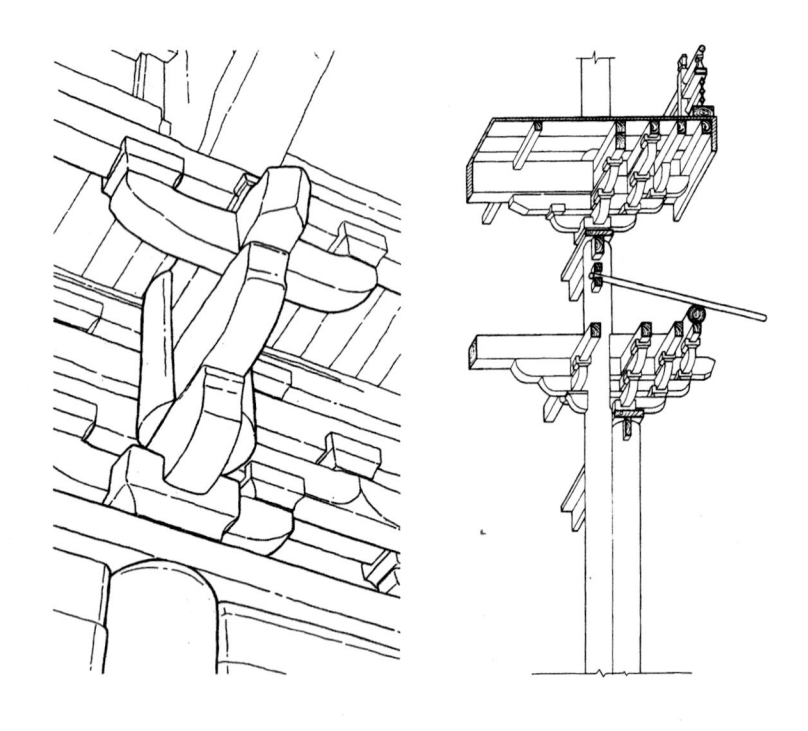

左：河北正定隆兴寺的叉柱造
右：缠柱造的形式

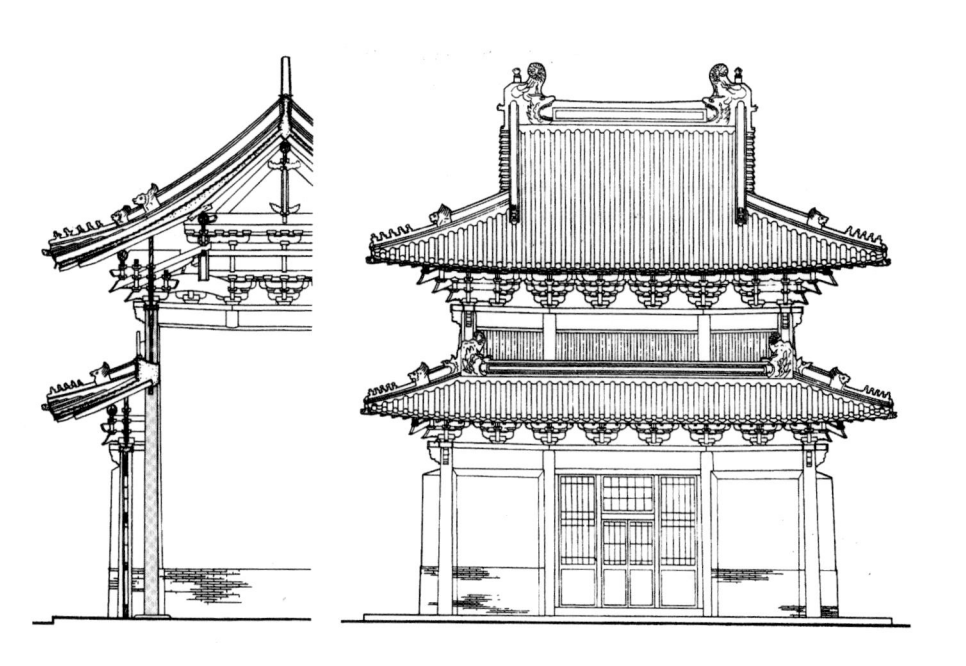

河北定兴慈云阁的缠柱造

瓜楞柱　　贴梭柱　　四拼贴梭柱

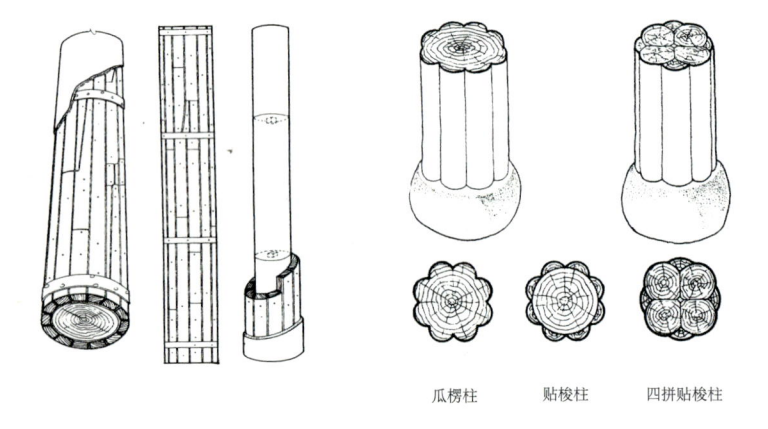

左上：包镶柱子的形式
右上、左下：浙江宁波
保国寺大殿包镶柱子

柱脚的安置与柱础

在早期建筑遗址发掘中，房屋立柱采用载柱入洞的方式以固定。在西安半坡遗址中，已有柱础的意识，在安装木柱的位置发现火烧硬结窝；在商代夯土台基中发现排列整齐且大小均衡的鹅卵石作为柱脚基础；在陕西岐山召陈村西周中期建筑遗址中，柱脚基础中除有卵石逐层夯筑以外，在柱脚部分还放置了一大块较为平整的石块以供承托房柱，至此，柱础的基本构造已经完成。柱基础较前代有很大的进步，柱脚的埋置由深至浅，已经注意到木材深埋糟朽的问题。

随着上部木构架的逐步成熟，结构整体性得到加强，基层夯土逐步不再使用，建筑中的柱脚逐渐从深埋到浅埋，以至为避免木柱脚的受湿腐朽，柱脚完全置于地面之上，并有柱础石

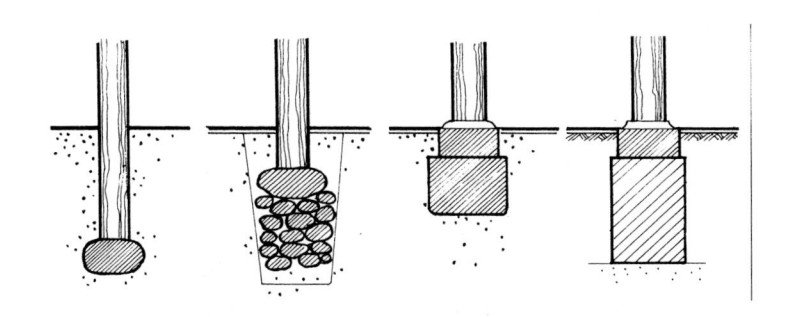

柱础与土阶的变化

武义延福寺大殿櫍形柱础（元）

上海真如寺大殿櫍形柱础（元）

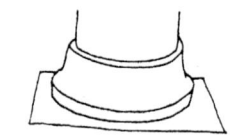

徽州歙县曹门厅櫍形柱础（明）

上：櫍形柱础
下：上海真如寺櫍形柱础

垫起。柱础石也逐步得到重视，结构、形式的需求得以增强，并雕刻了纹饰。

櫍形柱础。櫍原为石柱础上的木垫盘，因柱子垂直竖立，木质纹路又是上下贯通，地下潮气容易顺着木柱纹路上侵，所以在柱脚下面又放置了一块纹路横置的木盘，以阻潮气。櫍早为木质，继改用金属板，后又用石材。《营造法式》中有"櫍以木易铜"的记述。櫍（锧、礩）字也就根据使用材料的变化而变化，在后期中和石础结合一体，保留了櫍的形状。

覆盆柱础。石柱础做凸起圆形，形似倒扣的盆，称为覆盆。无雕饰花纹的为素覆盆，也有雕以变化丰富的纹饰的。

莲瓣柱础。石柱础上雕饰有莲瓣状纹饰，上部周覆莲瓣上仰，下部周覆莲瓣下覆。以只做下覆莲花居多，也称为铺地莲花。

鼓墩柱础。石柱础上做凸鼓状，称"鼓磴"。另有种形式做成凹鼓形状的石墩，由方石逐步向内过渡到圆形，并和柱形衔接，周边有加工成圆形的混线线脚，在平面上呈圆形，称为"鼓镜"。

辽宁义县奉国寺大雄宝殿覆盆柱础

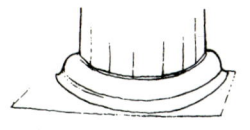

甘肃天水麦积山 43 窟覆盆柱础

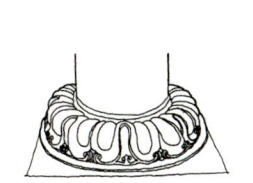

山东长清灵岩寺大殿莲瓣柱础（宋）

山东曲阜孔庙大成殿莲瓣柱础（清）

左上：覆盆柱础
右上：山西长子中漳伏羲庙元代方形覆盆柱础
左下：莲瓣柱础

上：山西五台山佛光寺大殿莲瓣柱础
中：浙江宁波保国寺莲瓣柱础
下：鼓墩柱础

组合柱础。石柱础为多种类型组合而成，表现手法自由，在各地方有灵活的变化。

柱础的形式、纹饰在演变中得以发展，各朝代柱础各具特色。

汉代柱础整体造型古拙，多见倒置栌斗形状，在汉代墓葬中有柱下石础为墩座或兽形。

两晋南北朝时期，常见的是覆盆柱础，这也是后期柱础的主要基本样式。佛教的兴盛开始出现具有佛教意味的莲瓣柱础，莲瓣造型狭长，柱础整体造型被拉高。佛教的兴盛也使得兽形石础中出现了白象、狮子等形象，此外还有人物、狮兽、须弥座等状的柱础，但并不多见。

唐代柱础以雕饰仰覆莲花的覆盆为主要形式，数量诸多。唐代覆盆莲花柱础，所见部分仅为露出在台基面的圆形覆盆，下方大部分石块卧于台基之中，表面于台基面齐平。

宋代柱础仍然以覆盆为主，不仅有莲花纹饰，还有花草、龙凤、鱼水、狮子等纹样。《营造法式》所记石作制度中，雕刻手法有剔地起突、压地隐起华、减地平钑、素平等。在宫殿和寺庙中仍然以覆盆莲瓣柱础为主。

元代柱础从烦琐中走向简洁，不加雕饰，以素覆盆为主。明清柱础风格较为一致，更为简朴，在较为高级的建筑中，北方多用鼓镜式柱础；南方气候潮湿多雨，用较高的鼓状柱础。而在南方民间柱础则较为多样，雕饰纹样丰富，甚至柱础有多层变化。

上：浙江宁波保国寺鼓墩柱础　　右中：北京颐和园鼓镜柱础
左中：浙江宁波保国寺鼓镜柱础　　下：河北正定隆兴寺鼓镜柱础

盆唇覆盆柱础
苏州玄妙观（宋）

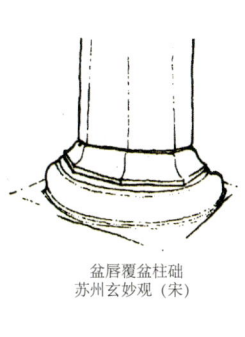

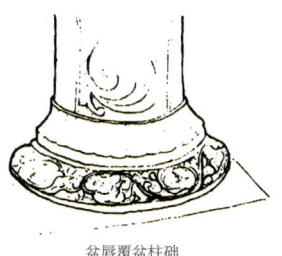

盆唇覆盆柱础
苏州罗汉院（宋）

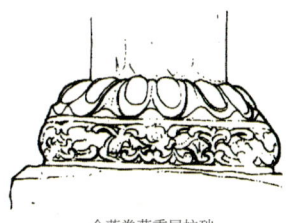

合莲卷草重层柱础
曲阳八会寺（金）

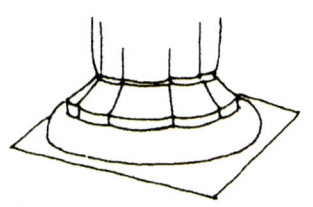

素覆盆带八瓣櫍柱础

上、左下：组合柱础
右下：山西长子大中汉三嵕庙组合柱础

上：天津蓟县独乐寺组合柱础
下：山西晋城二仙庙正殿异形柱础

· 木构架 · 189

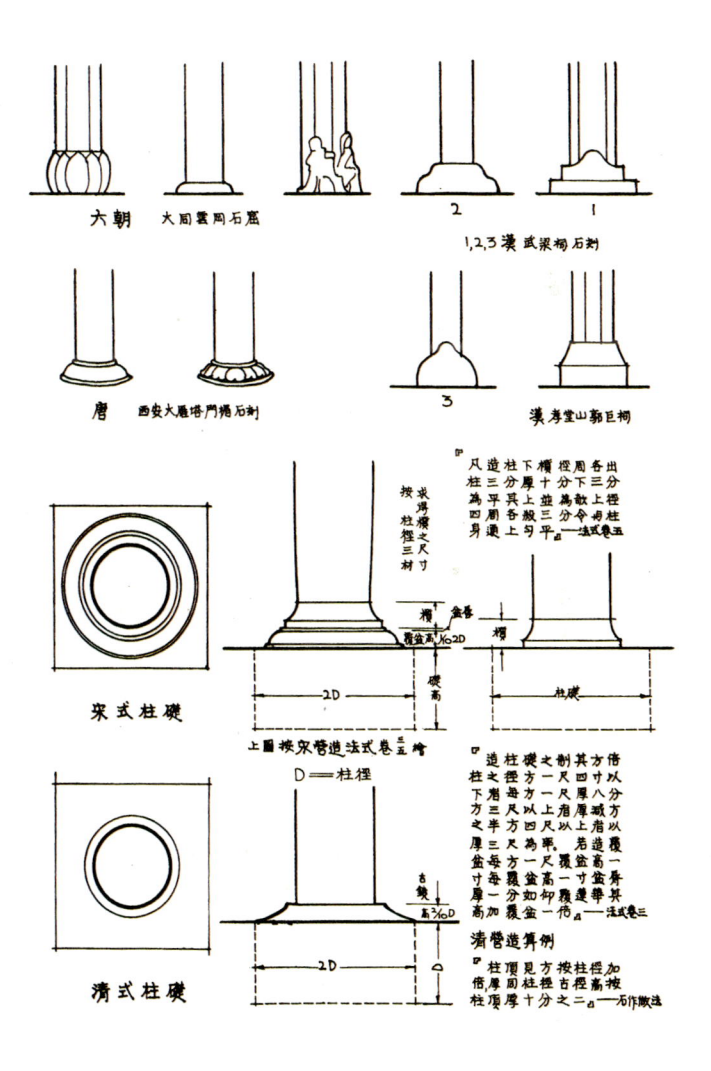

六朝 大同云冈石窟

1,2,3 汉武梁祠石刻

唐 西安大雁塔门楣石刻

3 汉孝堂山郭巨祠

宋式柱礎

清式柱礎

不同时期的柱础

柱脚的侧脚、房檐的生起

在中国古建筑中时常会看到立柱是微微向屋心倾斜的，并不是完全垂直，檐口从整体上看也并不是一条水平直线，而是中端平直，两端略有提升。这种形式是由柱脚的侧脚和房檐的生起手法形成的。

《营造法式》卷五记述了柱式做法："凡立柱，并令柱首（即柱头）微收向内，柱脚（即柱根）微出向外，谓之侧脚"，"每层正面随柱之长，每一尺，即侧脚一分（1/100），进深南北相向每长一尺，侧脚八厘（8/1000），至角柱，其首相向，各依本法。"生起又可分为檐、角柱生起和脊槫生起。檐、角柱生起是指檐柱从当心间逐步向角柱增高，脊槫生起是脊槫上设生头木并逐渐增厚的处理手法。

《营造法式》规定的侧脚、生起制作工艺复杂，所谓牵一发而动全身，柱脚柱高的微小变化，却给对整体木框架的施工带来复杂的工艺变化，尤其卯榫合拢更是困难。采用侧脚生起的工艺方法，除了提升房屋外观的视觉审美以外，实质上也是木构架体系结构受力的特别需要。

从前所述，我们知道唐宋殿堂式建筑采用的是柱框层、铺作层、屋面层依次叠加的层叠木构架。从施工工艺上说，要先立架，也就是立起柱框架，柱与柱中间用阑额连接，连接采用

上：山东孝堂山石祠柱础
下：柱子侧脚的做法

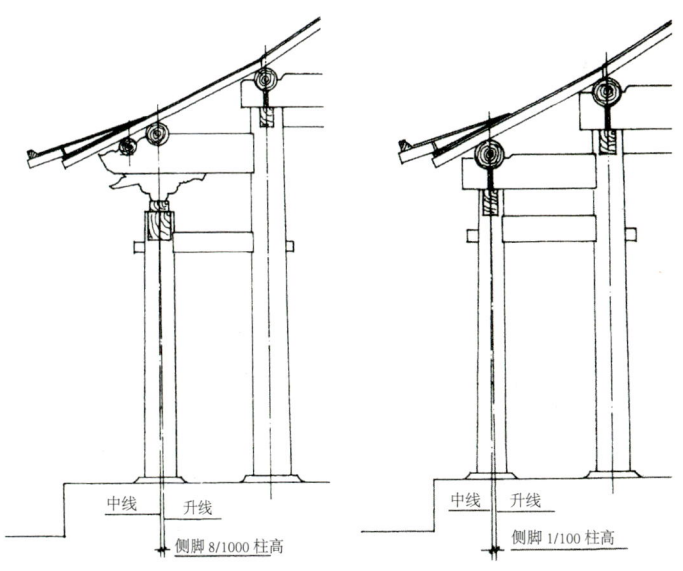

中线　升线
侧脚 8/1000 柱高

中线　升线
侧脚 1/100 柱高

直榫，施工中立柱一旦偏移，整体柱框架层容易散架。而使立柱向屋心侧脚，柱头向室内方向挤压，阑额和柱之间产生挤压力，改变了原来柱和阑额之间的受拉力，屋面重力荷载越大，阑额和立柱的受压力越大，框架就越稳固，有效避免了立柱层散架的可能。采用角柱生起，柱头形成一个以房屋为中心的盆状曲面，上覆以铺作层和屋顶层，屋面重量使整体木构框架增强向心力，从而有效加强了木构架的内聚力与稳定性[4]。

现遗存的唐代建筑呈现檐角飞翘、柔和曲美的视觉特征；在壁画和汉画像中汉代建筑形象以檐口平直、古朴端庄为主；

《营造法式》中侧脚和生起

现存山东孝堂山地面石祠檐口明确地体现了平直的檐口。通过对照，侧脚、生起自隋唐和木构架体系一起发展并逐步成熟，宋辽金元大量使用,且尺寸程度比《营造法式》所述规定还要大。所以，这种正立面上阑额两端生起、角柱向内倾斜、脊槫两端亦可随之生起较高的形象成为唐、宋、辽至元时期木构建筑的一个突出特征，而进入明代以后，这种侧脚、生起的做法都急剧减弱甚至消失，因此建筑呈现出与以往唐宋至元代建筑不同的外观形象[5]。

明代早期，唐宋侧脚、生起建筑形制的影响依然存在，在宫殿建筑中还大量使用侧脚、生起，但与宋代相比有所减弱，至明代中期，除江南一些民间建筑外，侧脚、生起在官式建筑中已明显减弱，一些建筑从外观上基本觉察不到侧脚、生起的做法。这和明代建筑及后朝建筑的木构架整体的发展紧密关联，明代以后进一步加强了大木结构的整体性，内柱增高，在立柱中间大量增设了连接的枋等构件，随梁枋和穿插枋等广泛使用；铺作层逐步取消了荷载承力作用，沦为装饰性构件，这些进一步使大木作结构构架科学合理，也逐渐淘汰了侧脚、生起费时费工的做法。

清代以后，《工程做法则例》明确规定官式建筑不再使用侧脚、生起。在一些木构架亭榭和江南民间建筑中侧脚、生起却还一直在使用。即使官式建筑中，推测因为施工习惯，侧脚、生起偶有发现，但也仅在外檐柱上使用，内柱已经完全取消。

柱网与减柱、移柱

多开间构成的中国木构建筑，需使用一定形式的柱网，也就是房屋所需用柱的平面布置。

中国木构建筑中的柱网和现代建筑的柱网有所不同，现代柱网是在结构的纵横交叉处设柱，柱子排成网格形状。中国木构建筑是根据梁架的结构，在留足梁下的主要使用空间"斗底"的情况下，按照"间"的纵横交叉处设柱，形成网格状的柱网平面布置形式。如果按照现代建筑在结构处设柱，中国木构建筑梁下空间将会布满立柱，使用空间就会被分割的很狭小。

《营造法式》中记述了殿堂的四种柱网平面布置方式，称为四种槽式。槽是深挖凹下去的基础，相当于现代建筑的地基开挖，用于布置柱子，使各立柱基础相同；另有一解为柱位形成的空间在平面上的位置。四种槽式不计副阶周匝（指殿堂四周的回廊或廊庑），殿身除"分心斗底槽"以外，都是面阔七间、进深四间的八架椽，而斗底深度均为两间四架椽，大梁为四椽栿对乳栿，这也是最为经济合理的结构形式。

营造法式殿阁地盘——单槽

营造法式殿阁地盘——双槽

晋祠圣母殿平面

山西洪洞广胜下寺后大殿平面图

晋祠圣母殿明间横剖面

山西洪洞广胜下寺后大殿剖面图

左：单槽（山西晋祠圣母殿）
右：双槽（山西洪洞广胜下寺后大殿）

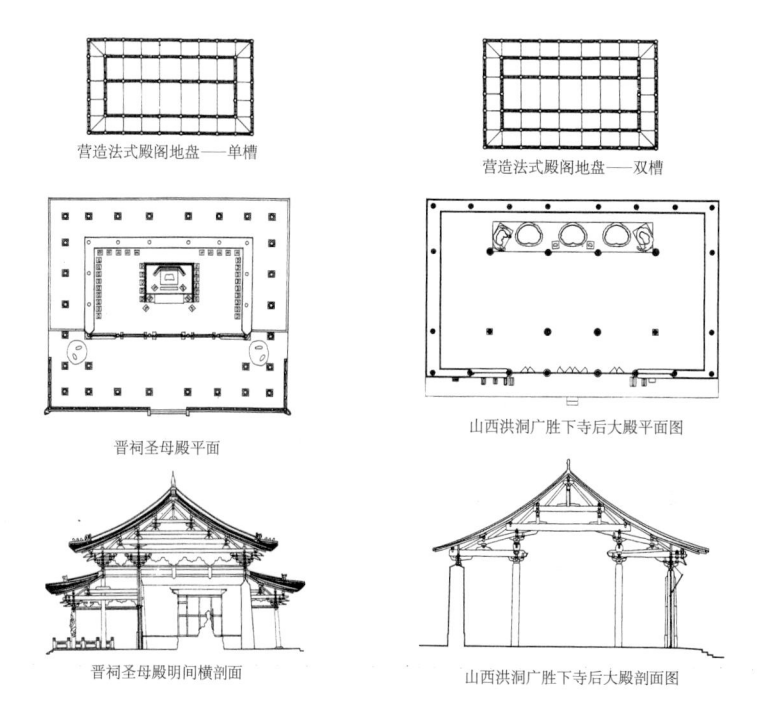

单槽。殿身七间副阶周匝各两椽，身内单槽，平面形式为设外檐柱一周，屋内柱一列将室内空间划分为深约两椽的外槽（单槽）和约四椽的外槽。

营造法式殿阁地盘——分心斗底槽

营造法式殿阁地盘——金厢斗底槽

蓟县独乐寺山门

山西五台唐佛光寺大殿平面图

独乐寺山门横剖面

山西五台唐佛光寺大殿横剖面图

左：分心槽（天津蓟县独乐寺山门）
右：金厢斗底槽（山西佛光寺大殿）

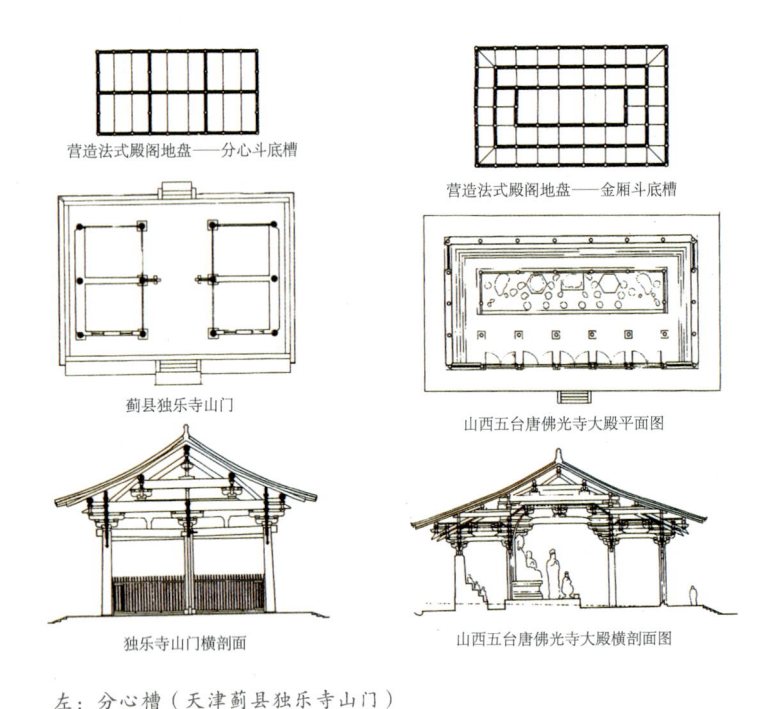

双槽。殿身七间副阶周匝各两椽，身内双槽，平面形式为设外檐柱一周，屋内柱两列将室内空间划分为前后两槽，每槽深两椽，以及当中深四椽的外槽。

分心斗底槽。殿阁九间身内分心斗底槽，平面形式为四周用檐柱，屋内纵向用柱一列，将殿身分为前后两个相同空间。建筑为九开间时，再横向每三间用柱一列，就为分心斗底槽。

四种槽式仅分心槽示例为九开间无副阶周匝，其他为七开间。而在现存中，九开间分心斗底槽稀有，三间、五间分心槽多见。

金厢斗底槽。殿身七间副阶周匝各两椽，身内金厢斗底槽，平面形式为檐柱和屋内柱各一周，相距两椽。屋内柱后排上阑额普柏枋与檐柱相接。平面呈"回"字的金厢斗底槽，架构从力学结构上来看最为稳定。

四种柱网平面布置，殿身中部都由柱网围合成一块完整的平面空间，其纵长随建筑开间而异，但横阔的进深都是两间四架椽。这正是梁架结构所需构成的主要平面空间，即生活活动的场地，张家骥先生认为这就是所谓的斗底[6]。

柱网构成的建筑空间，有时需要进行调整，这样就需改变柱网的布置，这种手法就是减柱和移柱。减柱就是从柱网中去除一些柱子，而移柱当然是改变柱子的位置，以获得期望的新空间。移和减都是相对于原来的固定柱网结构而言的，就是在规定的或原标准的柱网基础上的调整。

通过建筑遗存可知，减柱和移柱的做法主要集中在辽、金、元三代，有人认为这一建筑现象最为主要的是出现在三代少数民族入住中原所统治的地区，在吸收汉民族建筑文化的基础上，按照本民族传统习惯进行调整。减柱和移柱有时分开使用，有时也混合使用。如山西大同善化寺三圣殿面阔四间，减去了前檐全部内柱，又将后檐次间内柱内移一椽的位置。

减柱和移柱的建筑手法至明清基本不再使用，这和减柱、移柱带来的不规则梁架和大跨度的空间架构带来的施工难度以及结构上不安全因素的增加是不可分的，也应该是这种手法逐渐衰退的主要原因。

枋与雀替

枋木是在木构架中起连接作用,以此用来增加构架稳定性的构件,使用在不同的位置具有不同的名称,宋式称谓与清式称谓以及地方称谓各有不同。

额枋与普拍枋

额枋是柱子上端中间连接的水平构件,宋式称为阑额,清式称为额枋。《营造法式》有记:"造阑额之制,广加材一倍,厚减广三分,长随间广,两头至柱心,入柱卯减厚一半。两肩各以四瓣卷杀,每瓣长八分。如不用补间铺作,即厚取广之半。"即阑额截面高为材的一倍,也就是30份,截面厚为减去高的1/3,也就是20份;长度按照间的宽度,两端插入柱心的位置,插入柱的榫口厚度为枋厚的一半,也就是10份;在两肩头卷杀成弧形肩,如阑额上不施斗栱,截面厚15份。

额枋

山西五台南禅寺阑额

额枋

山西五台山佛光寺东大殿阑额

阑额南北朝以前多在柱顶，至隋唐后移到梁柱头间。阑额在较大的建筑中使用时，会两层叠施，宋上称阑额、下称由额，清上称大额枋、下称小额枋。由额主要起到装饰及承载更大应力的作用，两枋间又用薄垫板，宋称由额垫板。《营造法式》中记，"凡由额，施于阑额之下，广减阑额二分至三分，出卯，卷杀并同阑额法"。由额安置在阑额之下，截面高按阑额高减1/2至1/3，即15份至20份，出榫、卷杀和阑额一致。

早期建筑至唐代建筑，阑额截面高宽比约为2：1，在角柱处不出头，辽代阑额总体上承唐制，但在角柱处出头并为垂直切割。宋、金阑额截面高宽比约为3：2，角柱处宋代有出头也有不出头，出头式作耍头状；金代出头有耍头或近似于后期的霸王拳式样，元代近似楂头状[7]。明清额枋截面高宽比几近1：1，呈方形，出头多用霸王拳式。在一些民间建筑中，额枋的出头并不是很明显，即使明清时期也有用古式作垂直截面的，阑额的出头有利于木结构框架的稳定。

设置额枋的主要作用是连接各柱成为完整的柱框架层来增加稳定性，此外额枋还需承托补间铺作。早期建筑设柱头铺作，随着补间铺作设置的需要，对阑额的承载力提出了越来越多的要求，在此基础上，由额的使用不仅有装饰作用，增强结构受力显然也需要。而在阑枋上的普拍枋是枋的另一种形式，普拍枋产生较早主要是因为斗栱铺设的需要。普拍枋结构更有利于

·木构架· 203

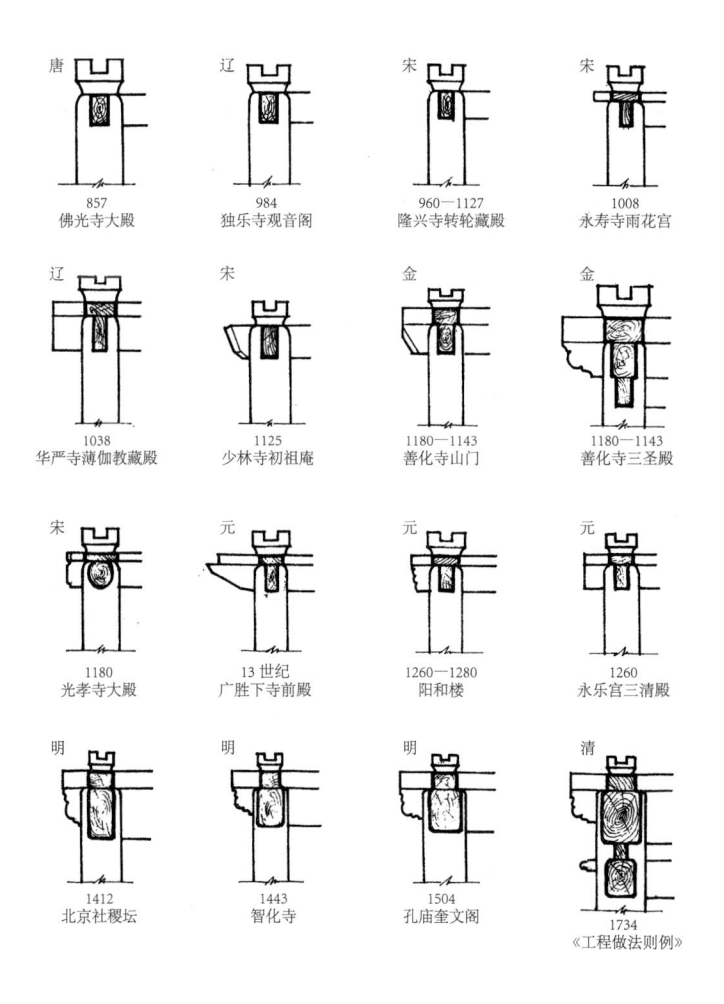

唐	辽	宋	宋
857 佛光寺大殿	984 独乐寺观音阁	960—1127 隆兴寺转轮藏殿	1008 永寿寺雨花宫
辽	宋	金	金
1038 华严寺薄伽教藏殿	1125 少林寺初祖庵	1180—1143 善化寺山门	1180—1143 善化寺三圣殿
宋	元	元	元
1180 光孝寺大殿	13世纪 广胜下寺前殿	1260—1280 阳和楼	1260 永乐宫三清殿
明	明	明	清
1412 北京社稷坛	1443 智化寺	1504 孔庙奎文阁	1734 《工程做法则例》

历代阑额、普拍枋演变

斗栱的安置和承载，对于后期斜栱的使用有更大的影响。斜栱在造型上更大，对承载力要求更高，如没有普拍枋，仅靠阑额很容易走形。

普拍枋平置于阑额之上，承接斗栱坐斗的枋木，清代称为平板枋。《营造法式》中记："凡平坐铺作下用普拍枋，厚随材广，或更加一栔。其广尽所用方木。若缠柱造，即于普拍枋里用柱脚枋，广三材，厚二材。上坐柱脚卯。"由此可知，宋制殿堂的斗栱托板为阑额，一般不另外设枋，而楼阁铺作中使用普拍枋，厚是材广制度的15份，也可加厚至21份，截面宽尽可能使用方材。如果是缠柱造，在普拍枋里口有角柱，宽为45份，厚为30份，上面用柱脚卯口。

普拍枋最早见于西安兴教寺唐玄奘仿木构砖塔，但在唐朝木构建筑遗存五台山南禅寺、佛光寺中并没有使用。普拍枋辽宋时期使用渐多，但也有不用普拍枋的，金代以后成为建筑必备。其截面早期较宽薄，后逐渐变厚，至明清宽度已窄于额枋；早期在角柱处不出头，其后出头作垂直截割，元代出头形制为海棠式。

枋木除了阑额和普拍枋以外，横栱上的是横枋，在柱头中线或者说是泥道栱上面的枋叫柱头枋，在瓜子栱或慢栱之上的叫罗汉枋，而在外檐令栱上的枋叫撩檐枋。

普拍枋

阑额

河北高碑店开善寺
阑额、普拍枋

普拍枋

阑额

山西五台延庆寺阑额、普拍枋

山西五台山佛光寺
文殊殿金代阑额、
普拍枋

普拍枋
阑额

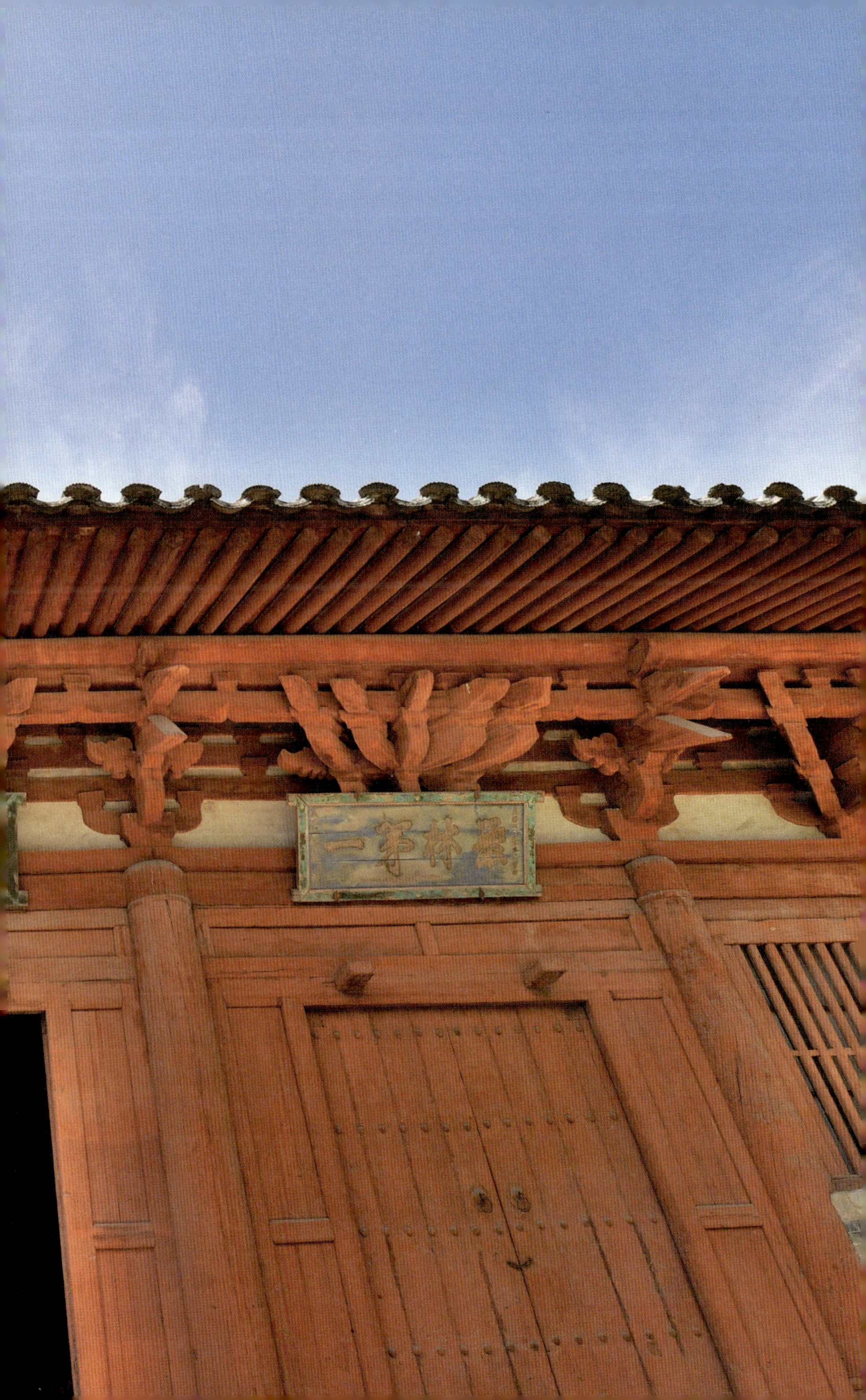
禪林第一

普拍枋

阑额

山西晋城泽州
青莲寺藏经阁
阑额、普拍枋

普拍枋

阑额

山西平顺淳化寺
金代阑额、普拍枋

上：山西长子法兴寺圆觉殿阑额、普拍枋
下：天津蓟县独乐寺山门阑额

上：山西五台佛光寺平棋枋
下：山西平顺佛头寺阑额、普拍枋、柱头枋、罗汉枋、撩檐枋

山西长子正觉寺阑额、普拍枋、柱头枋、罗汉枋、撩檐枋

罗汉枋

柱头枋

雀替（绰幕枋）

雀替是柱与梁枋相交处，用在转角部位以增强连接的构件，可以缩短梁枋的净跨度，增强梁枋的荷载力，同时也可以防止相交角度倾斜，称角替。因整体造型如同柱的鸟翼，称为雀替，宋时称为绰幕枋。

雀替推测起源于替木，形象类似实拍栱，已发现最早使用形象为云冈石窟第8窟北魏浮雕中所反映出来的建筑内容。河北新城开善寺辽代大殿中，已有两层实拍枋构成的绰幕枋，与云冈石窟石雕内容较为一致。

唐代建筑未发现有使用雀替形式，宋、辽、金、元的一些高等级的建筑上也有不用雀替的实例[8]。宋《营造法式》中的绰幕枋前段和下部为楂头和蝉肚两种类型，辽金多为蝉肚，金代蝉肚造型最为复杂，明清雀替蝉肚渐简洁。后世雀替的样式从明代开始逐步确立，雀替前段作楂头，然后作枭混，再作蝉肚，下用栱。清代楂头和枭混部分发达变大，蝉肚相对减弱变小。另从明代开始，雀替前端部分出现鹰嘴突的样式，清代越发显著，明清雀替大量使用雕饰和彩绘。

雀替早期具有承载功能，其形制朴素简约，之后结构功能逐步弱化，明显呈装饰化的精美华丽，造型也更加丰富。

大雀替。大雀替不是指雀替体量大，实指做法。由整块

·木构架· 217

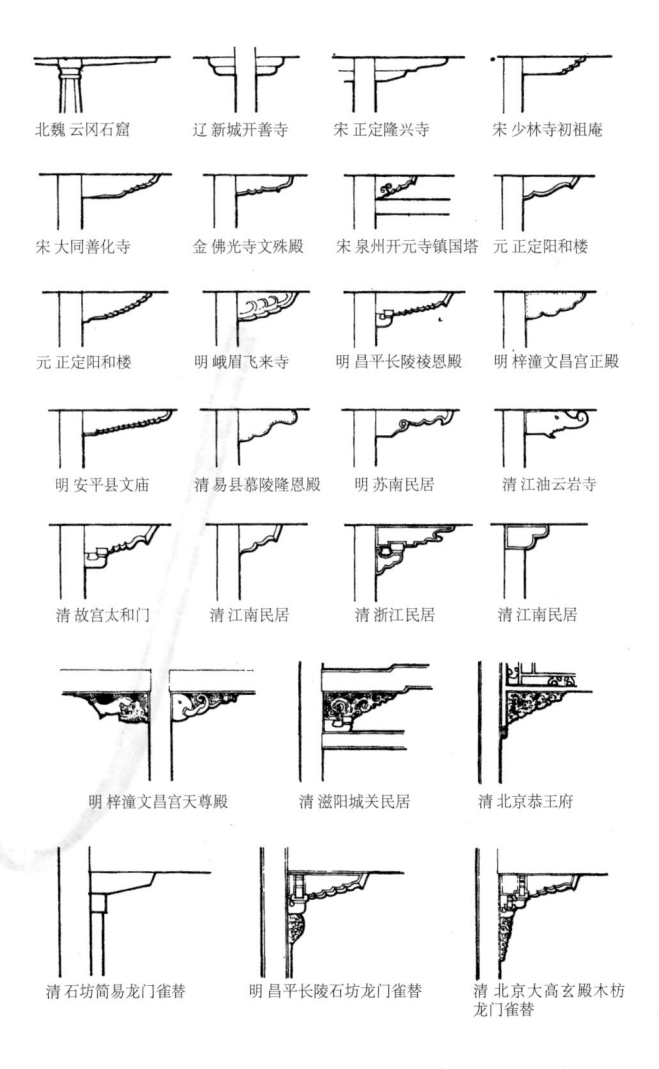

北魏 云冈石窟	辽 新城开善寺	宋 正定隆兴寺	宋 少林寺初祖庵
宋 大同善化寺	金 佛光寺文殊殿	宋 泉州开元寺镇国塔	元 正定阳和楼
元 正定阳和楼	明 峨眉飞来寺	明 昌平长陵祾恩殿	明 梓潼文昌宫正殿
明 安平县文庙	清 易县慕陵隆恩殿	明 苏南民居	清 江油云岩寺
清 故宫太和门	清 江南民居	清 浙江民居	清 江南民居
明 梓潼文昌宫天尊殿	清 滋阳城关民居		清 北京恭王府
清 石坊简易龙门雀替	明 昌平长陵石坊龙门雀替		清 北京大高玄殿木坊龙门雀替

历代雀替及花牙子

木头制作而成，上部宽向下收分后，下部有一大斗，立于柱头。柱子不穿雀替，雀替也不穿柱头，与斗栱类似，承载上部屋顶重量。大雀替先见于北魏，后世除藏传佛教建筑一般不用。

通雀替。通雀替为柱子两端雀替分别插入柱身成为一体，上端几乎和柱头平齐，与大雀替相比，通雀替较低。通雀替主要用于室外，宋元常见，明清很少使用。

雀替。常用的一种，也称为单翅雀替，体积较小的称为小雀替。柱子两端的两个单翅雀替从外观上看起来和通雀替相似，不同的是两个雀替并不是一体。

骑马雀替。多用于建筑的梢间或房廊，空间狭窄，两柱之间的距离较小，两柱下的雀替连接在一起，形成一个大跨度的雀替，跨连了两个柱子，其装饰性大于实际功能性。

龙门雀替。龙门雀替是一种专门用于牌楼上的雀替，比一般雀替增设了云墩、三福云、梓框、麻叶头等装饰构件。三福云是在进深方向安装于雀替的两侧，使雀替有了空间变化。云墩在雀替下，为承托雀替的构件。梓框为长条构件，贴柱承托云墩。

另有一种纯粹装饰性的用于挂落的雀替，称为花牙子。作为装饰性构件，花牙子用料厚度多在4厘米以内，雕刻有丰富多样的花纹，也多作彩绘。花牙子的雕刻纹饰有卷草、牡丹、葫芦、梅竹、葵花、福寿等。

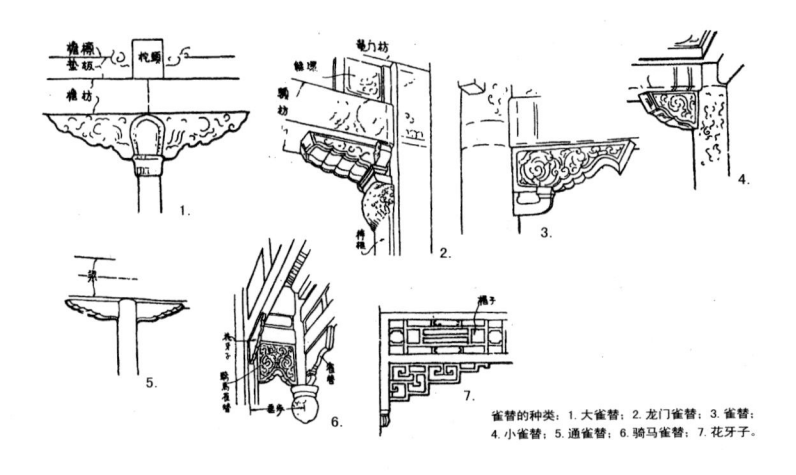

雀替的种类：1. 大雀替；2. 龙门雀替；3. 雀替；4. 小雀替；5. 通雀替；6. 骑马雀替；7. 花牙子。

雀替的不同类型

清代雀替

· 木构架 ·

清代骑马雀替

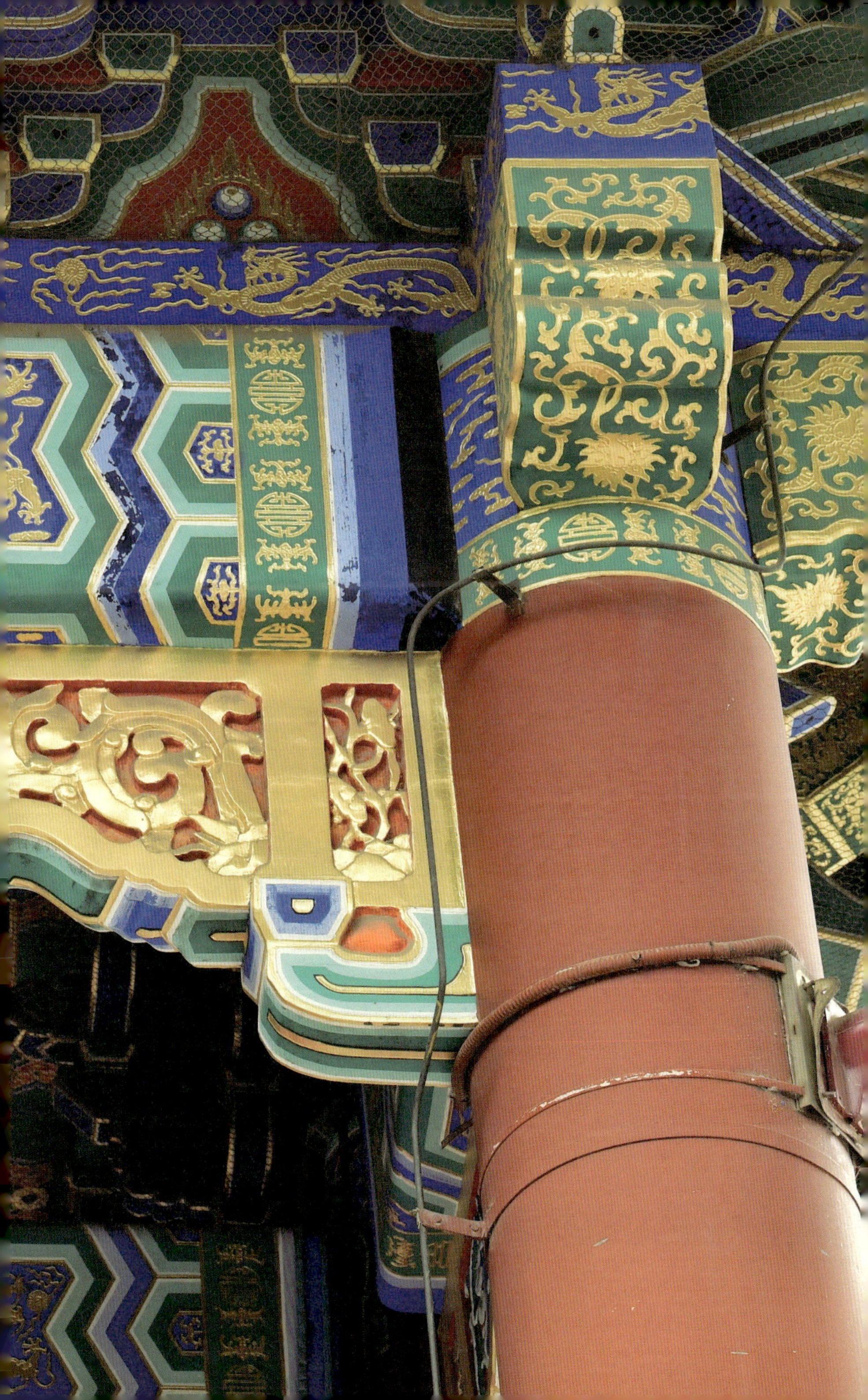

清代花牙子

斗栱

  斗栱是中国建筑最为重要的、鲜明的外部视觉特征之一，作为结构构件也是木结构建筑所特有的。斗栱同时作为中国建筑尺度确定的标准构件，是建筑的等级、规格和地位的象征。无论从艺术或是从技术的角度来看，它的确足以象征和代表中国古典建筑的精神[9]。伴随着中国木构建筑的发展历程，斗栱在不同朝代有着不同的表现。

  斗栱的称谓大致到民国才广为使用，在中国古代两本著名的"建筑施工规范"中都有不同的名称，宋代《营造法式》中称为"铺作"，清代《工程做法则例》中为"斗科"。

  斗栱在不同部位使用时具有不同的名称，一般根据使用的范围分为内檐铺作和外檐铺作，根据使用的位置分为柱头铺作、补间铺作、转角铺作。

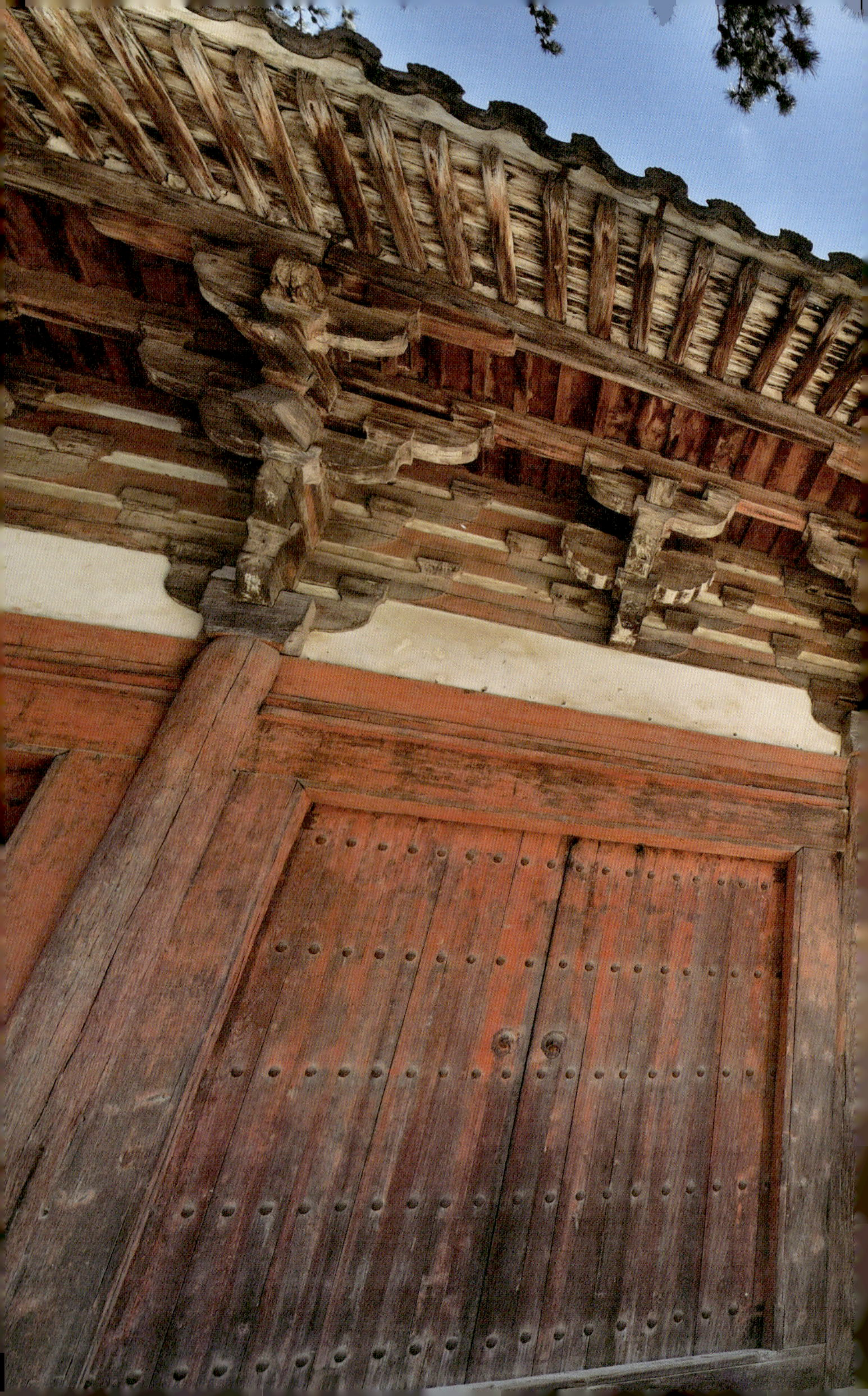

山西佛光寺东大殿柱头铺作、补间铺作、转角铺作

山西平顺佛头寺柱头铺作、补间铺作、转角铺作

山西长子崔府君庙前殿柱头铺作、补间铺作、转角铺作

斗栱的演变

最早的斗栱形象见于名为令毁的铜器上，铜器为西周初年铸造，在其足部有栌斗的形象结构，用以承托上部重量，两足中间在栌斗结构部分，用枋的形象构件连接，而枋上有两个方块用以承托上部，类似散斗，有专家认为其应为斗栱中斗的形象[10]。

周代的斗栱运用在一些文献中也有提及，《尔雅·释宫》记有："杗廇谓之梁，其上楹谓之棁。闲谓之槉。楶谓之栱。"楶谓之栱，楶、栱是斗的别名。作为中国最早的释词典籍，《尔雅》成书于战国或两汉之间，上限不会早于战国，因书中资料有来自战国后的《楚辞》《吕氏春秋》等书；下限不会晚于西汉，汉文帝时已经设置了《尔雅》博士，到汉武帝时已经出现了《尔雅注》。《尔雅》中"楶谓之栱"的词条及解释也反映出汉以前"斗"名为"楶"，而汉代称为"栱"。成书于先秦或至西汉的《逸周书·卷五·作雒解》中，记述周公营建陪都洛邑"乃位五宫、大庙、宗宫、考宫、路寝、明堂，咸有四阿、反坫、重亢、重郎、常累、复格、藻棁，设移旅楹春常画旅"，复格、藻棁疑为斗栱的形象。由这些文献反映的内容可知，在周代建筑中斗应已经较为广泛地使用了。

《论语·公治长》子曰："臧文仲居蔡，山节藻棁，何如其知也。"孔子批评鲁国大夫臧文仲越等僭礼，使用纹饰的斗栱构件。在战国出土文物遗存中,河北平山县中山国王墓中出土的龙凤座铜方形几案,四周角由一斗二升斗栱承托,其栌斗、散斗、栱、蜀柱等形象已经完备。同期山东临淄出土的战国漆盘纹样中,斗栱的形象清晰完整。这一时期的建筑具备了斗栱的完整形象,说明斗栱的使用已较为广泛,其主要是承托檐口,但斗栱出跳还没有明确的文献资料记载或实物佐证。

秦代斗栱的形制目前已知仍为单层。汉代斗栱得到很大的发展,大量汉画像石图像、壁画、明器、汉阙中都明确地体现了斗栱的使用。斗栱的形式也已经多样化,一斗二升、一斗三升、一斗四升都有出现,单层、多层各异,栱头的形式也各有变化,人字栱大量使用。

现存四川雅安高颐石阙、渠县无名阙,明确有仿木结构的斗栱;四川乐山大弯嘴汉墓、双流县牧马山汉墓出土的陶楼明器,甚至一些较为复杂的斗栱形制也有发现;山东沂南汉墓中墓室的石构也明确反映了仿木的斗栱形制。在山东、四川、徐州出土的画像石图像中,斗栱在建筑中使用普遍。汉代斗栱从遗存来看,虽没有完全成熟,但基本特点已经完全具备[11]。

2013年,忻州市兰村乡下社村东北挖掘出土九原岗北朝壁画墓,其中墓道墓门上方有一座壁画建筑。主殿建筑面阔三间,单檐五脊顶,斗栱构件表现得非常细致,可见出两跳的斗

·木构架· 231

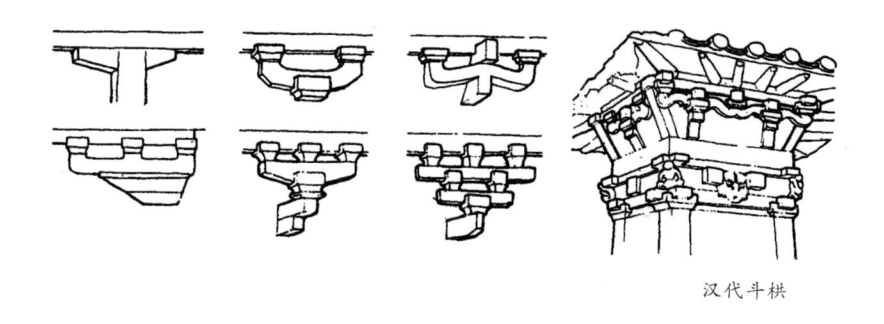

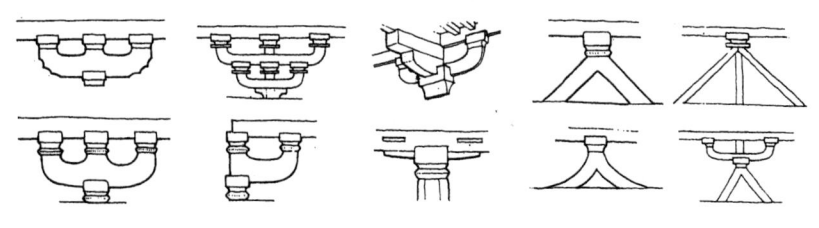

汉代斗栱

南北朝斗栱

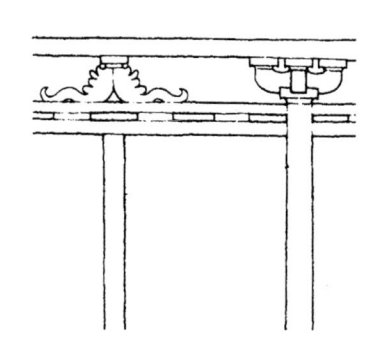

隋唐斗栱

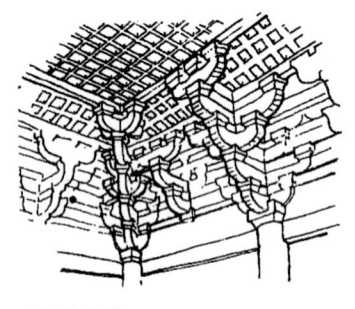

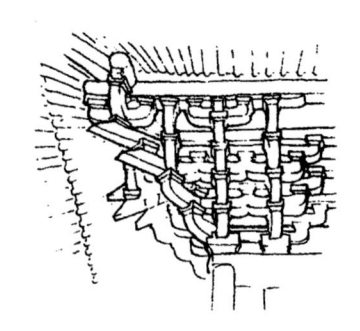

宋辽金斗栱

栱以及两组斜栱，柱头有栌斗，栌斗可看出明显的皿斗特征，当心间并立的挑檐柱上均安置斗栱，可见有栌斗直接坐于柱头，左侧栌斗可看出明显的皿斗特征。从九原岗壁画我们知道北朝时期就已经有了出跳且结构复杂的斗栱，斜栱也已经有了成熟的应用[12]。

隋唐时期斗栱形制已基本完善成熟。现存的几座唐代木构建筑中，斗栱作为承托屋顶重量荷载的构件，从遗留所见补间铺作略微简单，和两汉南北朝相当，多为人字栱、一斗三升等。整体表现外观宏大，柱头铺作、补间铺作、转角铺作包括内檐铺作已相当完善。

至宋代斗栱形制发展更为规范。斗、栱、昂、耍头等构件已经齐全，补间铺作的形制和柱头铺作几无差别。标准化规范《营造法式》对各种斗栱有明确的要求，并且依据斗栱的高度形成材份制度，以确定整体建筑的尺寸和规制。

辽、金基本承袭了宋代斗栱形制，斜栱、斜昂大量使用，更加注重装饰功能。

元代斗栱尺寸渐小，多使用假昂，下昂使用不多见，补间铺作呈增多趋势。

明代斗栱尺寸更加减小，平身科（补间铺作）数量越发增多，与唐宋1~2个的补间铺作相比，有的达8朵之多，檐下密布平身科，已有超过柱头科成为主体的构件。这和明代木构建筑结构的发展相关，斗栱已不是承重结构，起装饰和等级表达的作用。清代完全承制明代，下昂全部变为假昂，有斗栱形制的规范——《工程做法则例》。

从整体上说，斗栱自周出现，汉代成为建筑的重要组成部分，在唐代成熟、宋代实现规范，成为中国木构建筑重要的特征，至元代发生新的变化，尺度变小，明清两代数量、形制均发生了重要变化，平身科起到关键的作用，斗栱不再作为主要承力构件，尺寸更小，檐下密集，装饰及等级作用成为主要功能。

斗栱的构成

各代斗栱从外观上看似乎没有很大的区别，实质上各时代斗栱种类繁多、做法多变，不同的建筑形制都有着不同的做法。

斗栱的做法虽然繁多，但组成的原则基本没有太多的变化。每个时代斗栱的组成构件名称和叫法都不同，加之斗栱构件名称的字词少见，故总体感觉斗栱的构件名称复杂，难以记忆。为了更好地理解，可以《营造法式》《工程做法则例》两个时代的文献中斗栱各构件的名称做比较。实际上，目前除了地区间有显著不同称谓外，清代、宋代两个朝代斗栱的不同称谓均被

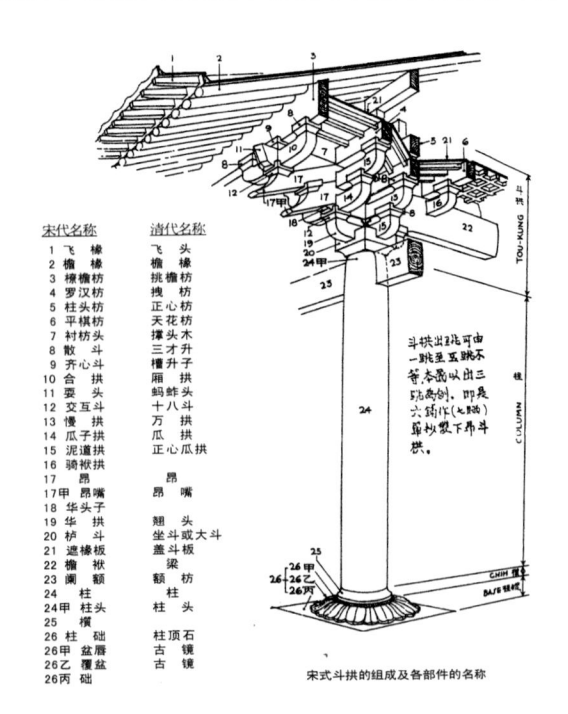

宋代名称	清代名称
1 飞椽	飞头
2 檐椽	檐椽
3 橑檐枋	挑檐枋
4 罗汉枋	拽枋
5 柱头枋	正心枋
6 平棋枋	天花枋
7 衬枋头	撑头木
8 散斗	三才升
9 齐心斗	槽升子
10 合栱	厢栱
11 耍头	蚂蚱头
12 交互斗	十八斗
13 慢栱	万栱
14 瓜子栱	瓜栱
15 泥道栱	正心瓜栱
16 骑栿栱	
17 昂	昂
17甲 昂嘴	昂嘴
18 华头子	
19 华栱	翘头
20 栌斗	坐斗或大斗
21 遮椺板	盖斗板
22 檐袱	梁枋
23 阑额	额枋
24	柱
24甲 柱头	柱头
25	櫍
26 柱础	柱顶石
26甲 盆唇	古镜
26乙 覆盆	古镜
26丙 础	

斗栱的构成及宋制和清制名称比较

宋式斗拱的组成及各部件的名称

认可；而从斗栱形制发展的时代特征上看，以宋制称唐、宋（五代、金）、元时代建筑，以清制称明、清时代建筑，较为符合建筑发展时间的规律。

《营造法式》中有对斗栱结构、做法明确的示例，也形成了标准，后世斗栱均在宋式标准基础上发展。宋式斗栱主要由斗、栱、昂、枋、耍头等主要部件构成，在总体上可看作一层斗承托一层栱，再接一层斗再承托一层栱，斗上有栱、栱上有斗，不断重复斗、栱而组成。

斗、升。在一组斗栱最底层的斗称为栌斗（清制称坐斗），是一攒（清制称一朵）斗栱中最为基础的大斗，承担最大的荷载。在斗立面的槽口称为斗口，斗口至清代成为建筑模数单位，是整体建筑的建筑尺度标准。斗口两侧称为斗耳，下称斗平（清制称斗腰），再下作收分的为斗欹（清制称斗底）。斗欹有直线和内凹两种类型。斗口、斗平、斗欹三部分比例为4∶2∶4，各朝代基本尺度没有变化。各时期栌斗的斗底均大于斗口的尺寸，其他部位的斗，宋制斗底略大于斗口，清制斗底和斗口等宽。栌斗斗底部位，在唐及以前，有加用皿板的例子，在后朝没有发现。

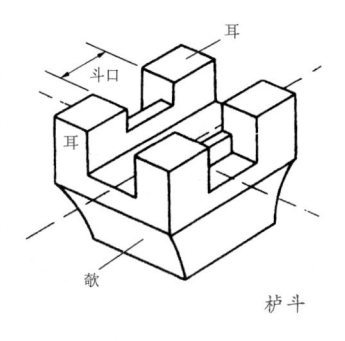

上：山西五台南禅寺斗栱上的斗
下：浙江宁波保国寺大殿的讹角斗、平盘斗

斗在其他部位使用的时候，斗口有两面槽口和四面槽口的区别。在栌斗上方横栱两头使用的斗为散斗（清制称槽升子），在栌斗正上方正中部位使用和栌斗垂直对齐的为齐心斗，出跳华栱（清制称为翘）两头的斗为交互斗（清制称十八斗），里跳外跳横栱两端的斗为散斗（清制称三才升）。总体上，清制斗分为坐斗（四面槽口）、槽升子（两面槽口）、十八斗（四面槽口）、三才升；宋制为栌斗（四面槽口）、交互斗（四面槽口）、齐心斗（四面槽口）、散斗（两面槽口）。这些斗基本外观差别不大。

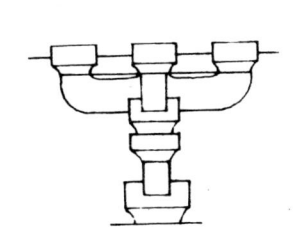

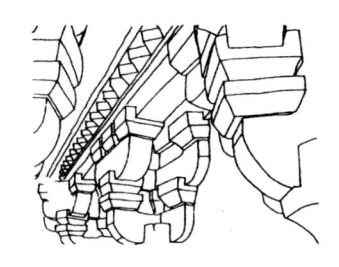

江苏苏州云岩寺塔连珠斗

斗在具体使用中有着特殊形制的变化。宁波保国寺大殿内檐转角铺作，因转角处两个方向斜出45度栱相交一处，下斗只能做平，无斗耳，这种斗称为平盘斗（在清代也有更多的转角斗栱使用）。保国寺大殿柱子为瓜楞柱，柱头斗栱为结合下柱，栌斗被制成瓜楞状的圆斗，称为瓜楞圆斗，同时补间斗栱，也被加工成瓜楞圆斗，这种圆栌斗和瓜楞圆斗，因四角被处理成圆角，也被称为讹角斗。另有为增高高度，斗上加斗的形式，被称为连珠斗，苏州云岩寺塔有使用连珠斗的实例。

栱。栱在斗栱上的作用一是完成垂直于屋身平行方向的出跳，另一个是平行屋身方向的垒高承托上部，宋制统称华栱，垂直于屋身方向出跳的栱，清制称翘。栱的造型为两头向上弯曲的弓形木。

栱的形制在汉代遗存中已有大量的发现，包括矩形、曲线形、折线形及混合形，另也有将一斗三升刻制成兽形，大概到唐代才统一了式样[13]。宋时将各种斗栱部件的尺寸做了详细的规定，并确定了栱、昂等构件的用材制度。用材制度也就是中国建筑的模数制度，称为"材分制"。这种模数制的基本单位为"分"，规定一材为15分。另以"契"和"足材"作为辅助单位，一契为五分之二材也就是6分度；一足材为一材加上一契为21分度。矩形构件均为高15分度、宽10分度，即高：宽＝3：2。以斗栱为模数就是栱的截面为一才，并将斗高划分为15分度、宽度为10分度，再以上下栱的距离称为"契"为6分度，单材上加契谓之"足材"，高21分度。

《营造法式》中，按建筑等级将斗栱用"材"分为八等：

一等材：高九寸，厚六寸，用于九间或十一间大殿。

二等材：高八点二五寸，厚五点五寸，用于五间或七间大殿。

三等材：高七点五寸，厚五寸，用于三间或五间殿、七间厅堂。

四等材：高七点二寸，厚四点八寸，用于三间殿、五间厅堂。

五等材：高六点六寸，厚四点四寸，用于三间小殿、三间厅堂。

六等材：高六寸，厚四寸，用于亭榭和小厅堂。

七等材：高五点二五寸，厚三点五寸，用于小殿或亭榭。

八等材：高四点五寸，厚三寸，用于殿内藻井或小亭榭。

清式以坐斗斗口宽度为标准，分为十一等。以斗栱作为模数单位使整体建筑尺度比例有律可循，在比例和谐和承重需要上起到较好的保持作用。随着历史的发展，斗栱用材的趋势是由大变小，清制和宋制相比，可以看出用材普遍减小。唐佛光寺大殿七开间用材为 30 厘米 ×20.5 厘米，宋、辽、金殿五开间用材多为 24 厘米 ×18 厘米左右，而清故宫太和殿九开间用材仅为 12.6 厘米 ×9 厘米。

栱的名称亦依部位而不同。栌斗之上相交垂直的栱，与立面平行的栱叫"泥道栱"（清制称正心瓜栱）；垂直向外出跳的栱，称为"华栱"（宋制中和立面垂直的栱均称为华栱，清制称为翘）；华栱和昂上再承托的栱，称为"瓜子栱"（清制称瓜栱）。但至出跳结束即最后一跳，跳头上栱称为"令栱"（清制称厢栱），令栱不再向上发展，中间伸出"耍头"结束。

上：天津蓟县独乐寺山门斗栱的栱
下：山西五台山佛光寺东大殿的出跳
（双抄双昂七铺作）

左中：双抄五铺作的出跳
右中：双抄双昂七铺作

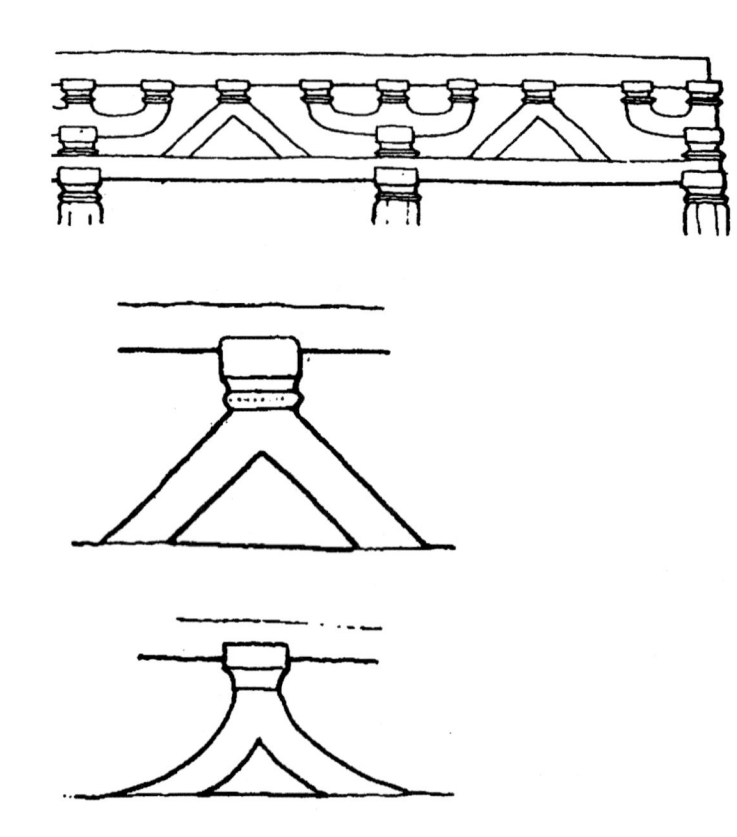

上：山西大同云冈21窟人字栱
中：山西大同云冈9窟的人字栱
下：甘肃天水麦积山5窟的人字栱

泥道栱（正心瓜栱）、瓜子栱（瓜栱）、令栱（厢栱）都是斗栱自下第一层的横栱，除第一层横栱以外，在其以上层的横栱，均称为"慢栱"（清制称万栱），慢栱是横栱的栱上栱，在结构上起到垒高的作用。

华栱有单层和双层，每一层宋制称为"抄"，单层为"单抄"，双层为"双抄"，最多为双抄，再向外出跳就不用栱，改用昂，向外挑出一"抄"或一"昂"称为出一"跳"，挑出的距离和斗口尺寸决定出几"跳"，出"跳"数相加"3"即为"几铺作"，如下用"双抄"上用"单昂"，出三"跳"，可称为"双抄单昂六铺作"。以此类推，出一"跳"为四铺作，出二"跳"为五铺作，出四"跳"为七铺作，出五"跳"为八铺作，华栱和昂就是出跳的部件，当然也有不出跳的华栱和昂。

人字栱。汉代至唐代有一种与汉字"人"形状相同的"人字栱"。在早期建筑资料(壁画、石雕、画像石线刻)中，汉至北魏多用直脚人字栱，两晋南北朝渐变为曲脚人字栱，且出现单独使用、与一斗三升栱组合使用、在栱脚间加设短柱等组合形式。人字栱多用于柱头铺作的中间，唐代以后人字栱消失。

斜栱。在转角铺作中，因结构原因，出跳华栱有时并不像柱头铺作或补间铺作中与横向栱呈直角相交，而是以60度或45度角斜向出跳，这种斜向出跳的栱称为斜栱。而在辽、金、元三代，除了在转角铺作中使用斜栱，在补间铺作上也有

上：山西长子正觉寺斜栱
下：山西长子大中汉三峻庙斜栱

隐栱

上：斜栱
下：山西五台山佛光寺隐栱

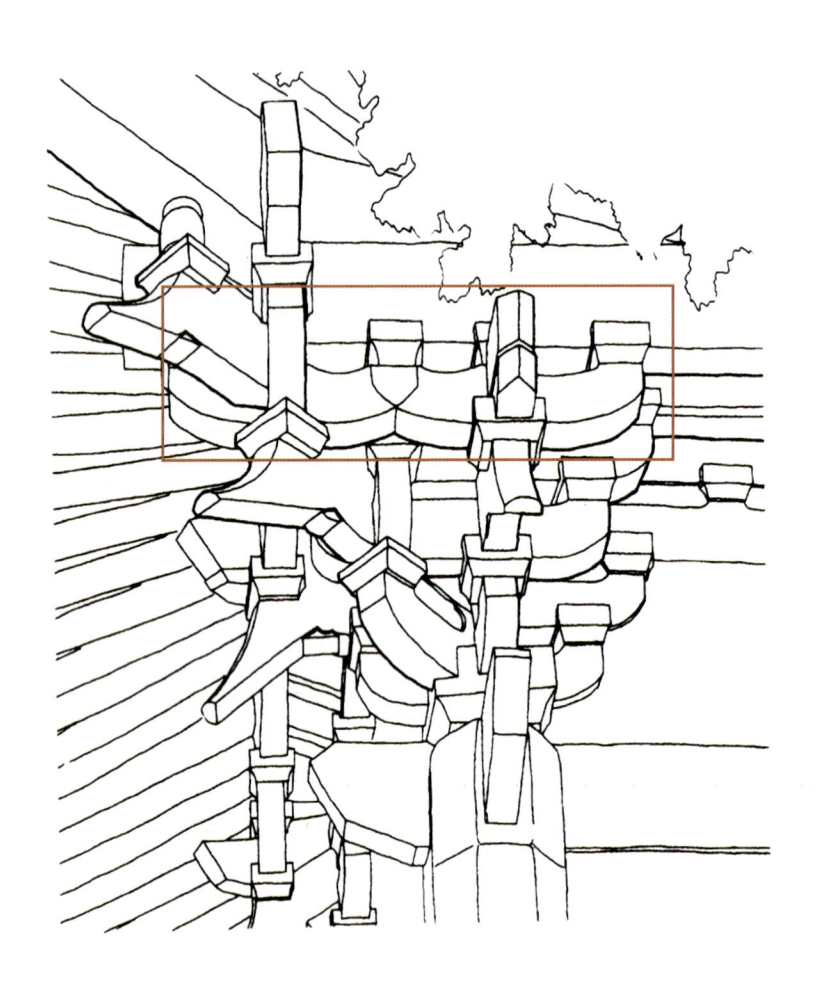

河南登封初祖庵大殿鸳鸯交手栱

大量斜栱的存在，这种斜栱的使用在其他时期并没有使用的实例[14]，在柱头铺作和补间铺作中使用斜栱，也成为辽、金、元三代的时代特征。

影栱与隐栱。唐代有用彩画在补间的栱眼壁板上画出人字栱的样式，称为影栱，和影栱具有一体关联的是隐栱，也称隐刻栱，是在枋的表面刻出栱的形象。隐刻泥道栱的方式在很多建筑上都有表现。

鸳鸯交手栱。严格来说，鸳鸯交手栱也是隐栱的一种。转角斗栱有时会和补间斗栱之间的距离过近，会形成两横栱叠交，造成形制上的冲突。解决方法是将相交处隐刻出一个共用栱头，共用一斗，称为鸳鸯交手栱，这种方式也称为连栱交隐。大同下华严寺、河南登封少林寺初祖庵大殿都有使用鸳鸯交手栱。

丁头栱（插栱）。为了承托内檐柱上的梁，在梁尾和柱身相交处更好地处理结构问题，有时使用半截华栱插入柱中，另半面根据空间需要，可以出头或不出头，有的出头部位使用梢子以防止脱落。这种半面用半截华栱插入柱身承托上部结构的形式，因形制类似钉子钉入木中，就被称为丁头栱，丁头栱在南方建筑中也称插栱。丁头栱在宁波保国寺大殿、福州华林寺大殿中都有使用。

上：浙江宁波保国寺大殿丁头栱
下：山西平顺天台庵捧节令栱

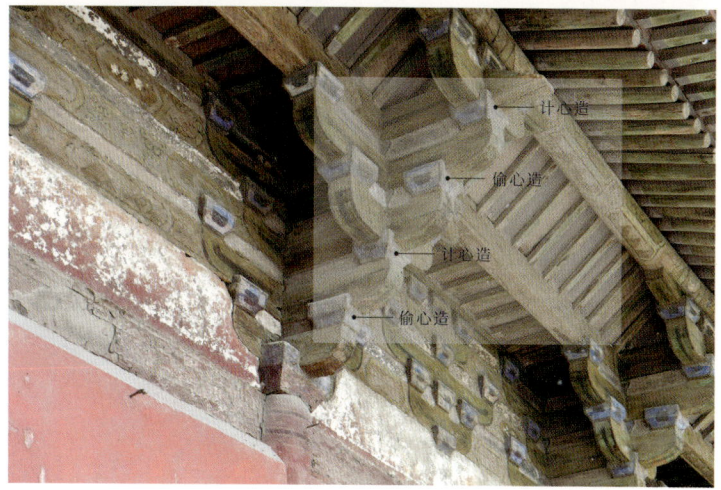

上：河北高碑店开善寺丁华抹颏栱
下：天津蓟县独乐寺山门偷心造与计心造

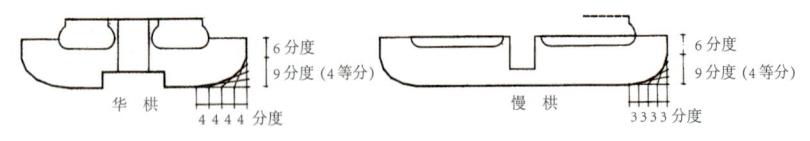

《营造法式》栱头卷杀的做法

华栱　6分度　9分度(4等分)　4444分度

慢栱　6分度　9分度(4等分)　3333分度

山西五台南禅寺大殿栱头有三瓣内四

栱头卷杀　　　栱头卷杀

　　捧节令栱。用令栱直接托举替木的攀间做法，不用枋木，被称为捧节令栱。

　　丁华抹颏栱。支撑脊槫的大斗前后出的栱，与固定脊槫的叉手相撞被斜着砍去，与叉手卯榫固定的栱。

　　偷心造与计心造。《营造法式》中记述："凡铺作逐跳上，下昂之上亦同，按栱，谓之'计心'；若跳逐跳上不按栱，而再出跳或出昂者，谓之'偷心'。"这实质上也就是常规和较为简省的两种铺作做法。在出跳的斗栱每跳和下昂上，安装横向的栱，就称这一跳为"计心"，要是不安装横栱，即横栱被省略掉了，就称这一跳为"偷心"。偷心造和计心造在不同时代都有使用，唐宋建筑中斗栱常用偷心造，金元以后多用重栱计心造。

栱头卷杀。栱的两端有向上弯曲的外侧弧线，制作形成这种外弧线的方式称为卷杀。栱头卷杀在汉代有曲线、折线等多种形式。南北朝栱头卷杀有多瓣，每瓣弧线内凹，风格明显。唐代表现形式不等，南禅寺大殿栱头有三瓣内凹，佛光寺则分瓣不明显，较为圆顺。《营造法式》中栱头卷杀制式均为折线，令栱五瓣，其他栱为四瓣，但实际做法各有不同。明清栱头卷杀更为圆顺饱满。

昂。昂作为斗栱中斜置和曾经最大的构件，其产生的根本原因是起到一个杠杆的作用。昂的前端用以挑起承托伸远的屋檐，后部抵压在梁架的底部，后压前挑，而中间的栌斗就形成杠杆的支点。昂可分为上昂和下昂，下昂较常使用，上昂仅用于室内、平坐斗栱或斗栱里跳上。

在唐代以前的实物遗存或相关图像材料中并未发现有昂的运用。佛光寺大殿柱头铺作的批竹昂为最早的实例，唐代的昂

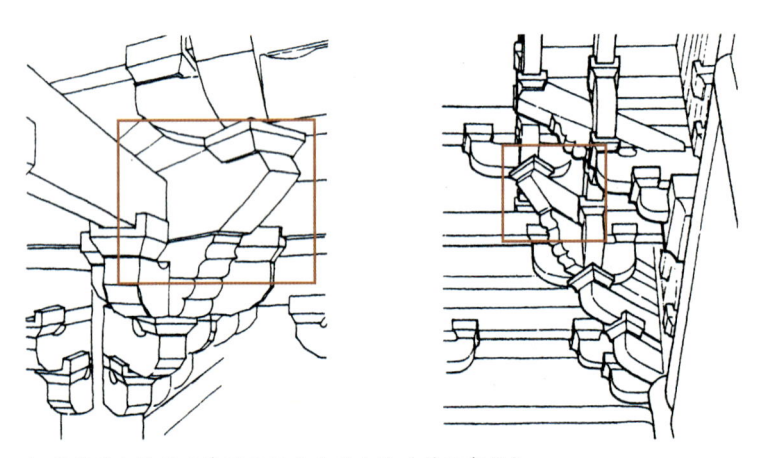

江苏苏州玄妙观三清殿用于室内的上昂（并不常用）

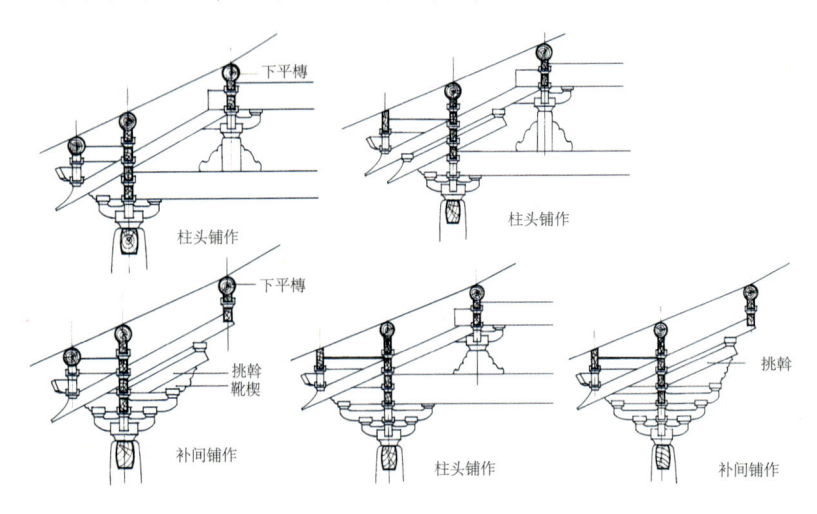

昂使用的几种形式

尺寸较后朝最大，同时也形成最大的斗栱。唐代有使用单昂也有使用双昂，至宋代双昂见多，元代出现假昂，假昂即在外转上有昂嘴的造型，而实则已无昂的杠杆力学结构功能，成为装饰，同时也有真假昂混用的情形，如在柱头铺作用真昂，补间铺作用假昂。明代也有真假昂共用的情况，随着朝代发展，昂逐渐缩小，功能也随之变异。明清两代将出跳华栱、昂、耍头等后部全部折角，加长伸延至檩条的底部，称为"溜金斗栱"，原来的斜昂结构作用已经消失。昂在转角铺作中，唐代未见使用实例，宋至清均使用昂，有真昂也有假昂。

　　昂的造型具有明显的时代性，唐代使用垂直截平的平头昂，以及上部呈平整斜面的批竹昂，造型简朴，力量感较强。宋代使用批竹昂和琴面昂，琴面昂的昂嘴呈平直斜面或稍下凹斜面，同时在斜面两侧又砍出两个斜面，作中线隆起状。元代也使用琴面昂，但其琴面昂斜面下凹比宋代更加明显，昂嘴底部随凹斜面略有上翘，昂嘴也略短厚。明代琴面昂昂嘴更为短厚，且斜面曲线缓和，没有明显的砍削折线，这种琴面昂造型一直影响到清代中期。清代晚期象鼻昂盛行，清代末期更是出现了镂空的雕花昂，民间还有凤头昂的形式。最早的象鼻昂在元明两代也有发现，象鼻昂昂嘴前端作象鼻样式卷曲，且在斜曲面上下两边共有四个斜面。

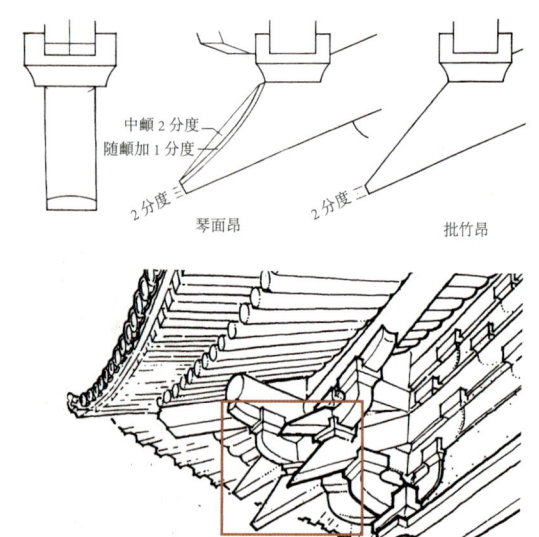

中顱 2 分度
随顱加 1 分度
2 分度
琴面昂
2 分度
批竹昂

上：《营造法式》中批竹昂、琴面昂的做法
中：山西榆次永寿寺雨花宫批竹昂
左下：山西太原晋祠圣母殿琴面昂
右下：浙江永嘉渠口叶氏宗祠凤头

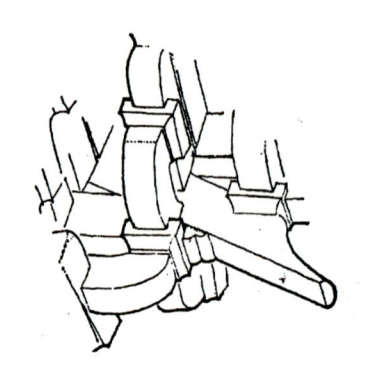

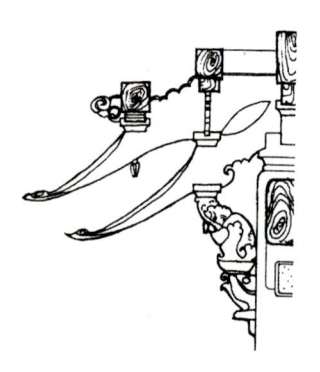

上：山西五台山佛光寺东大殿批竹昂
中：山西晋祠圣母殿批竹昂
下：清式象鼻昂

假昂。昂不仅是建筑构造上起到杠杆式受力的部件,从外观上也具有较美的形态。在建筑的发展中,为取得斗栱整体视觉审美的统一,更或者为符合对斗栱认识上的审美,逐渐出现了外观形态和昂一样,但不具备昂的受力结构功能的"假昂"。较为多见的假昂是由外转华栱做出的昂形,明清比宋元多见,苏州玄妙观三清殿外檐斗栱使用了这一手法。另有两种假昂形式:由昂和插昂。由昂是由耍头作昂的形态,和下昂统一,多在转角铺作上使用,如晋城青莲寺大殿外檐转角铺作上;插昂是直接斜插于斗下,没有昂身只有昂尖,在大同善化寺三圣殿、登封少林寺初祖庵都有使用的例证。

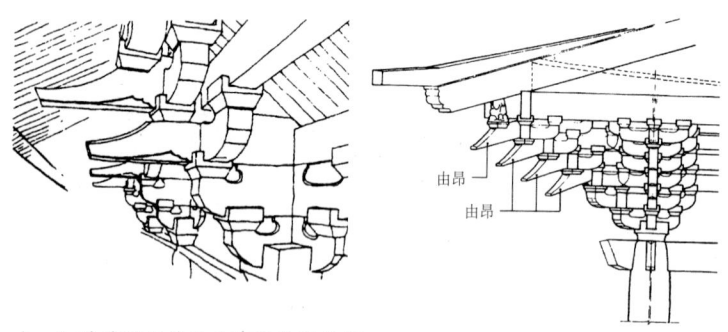

左:江苏苏州玄妙观三清殿华栱外端做成昂形(假昂)
右:耍头做成昂形(假昂)

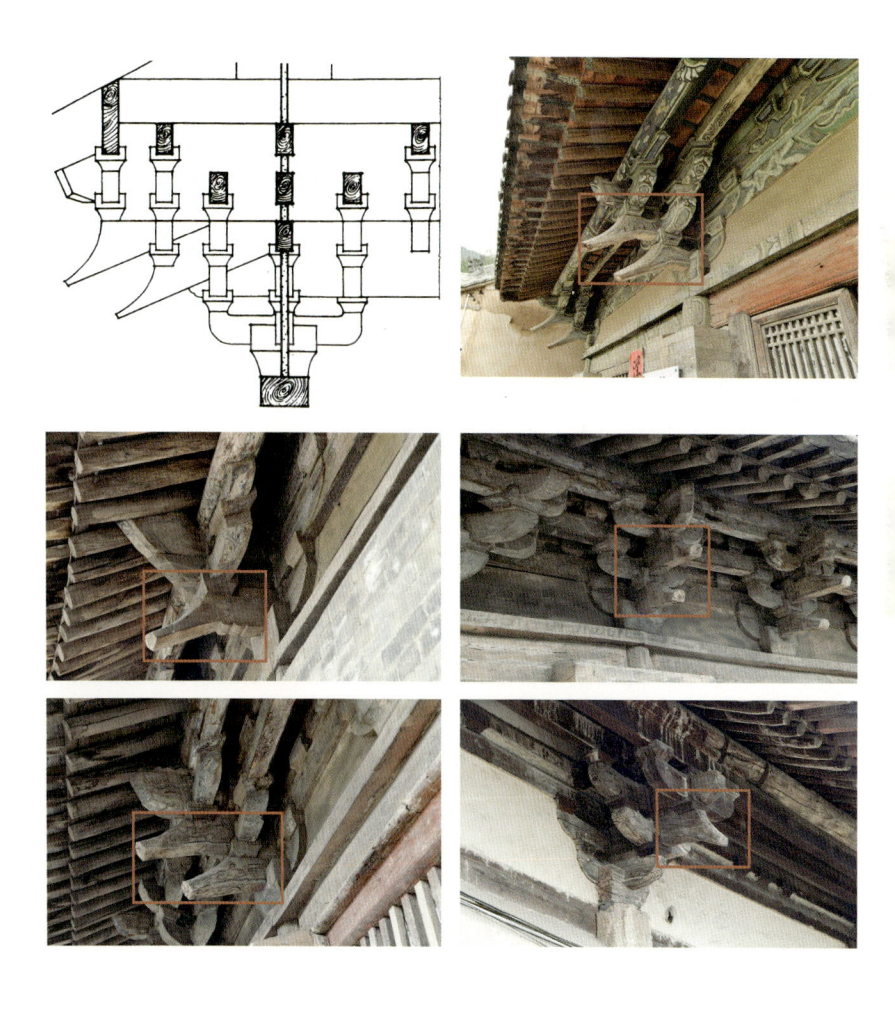

左上：山西大同善化寺三圣殿插昂（假昂）
右上、左中、右中、左下、右下：假昂

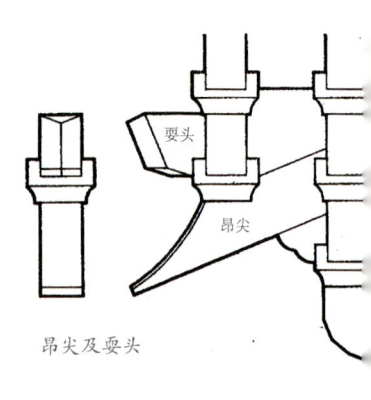

耍头。斗栱最上层水平伸出的构件为耍头。一般是梁头伸出作耍头，现存实例中直到唐代才开始出现。耍头有垂直截平、批竹昂样耍头、卷瓣形耍头，宋制标准的蚂蚱头，其后出现多种异形耍头，整体上垂直截平和批竹在唐、宋、辽、金建筑上都有使用，元、明、清不用，明清两代耍头尺寸明显短小。

昂尖及耍头

枋。斗栱各跳横栱上均放置一横枋，枋将各朵斗栱连接成一个整体，使分散的斗栱在整体合力下更为牢固。在柱头中线也就是泥道栱上的枋称为柱头枋，在瓜子栱或慢栱上的枋称为罗汉枋，在外跳令栱上的枋称为撩檐枋，在内跳令栱上的枋称为平棋枋。

左：河北高碑店开善寺耍头
右：河北正定文庙大成殿耍头

·木构架· 259

上：山西太原
晋祠耍头
中：山西五台
南禅寺耍头
下：山西五台
延庆寺耍头

抄

山西五台山佛光寺东
大殿的耍头、抄与昂

耍头

昂

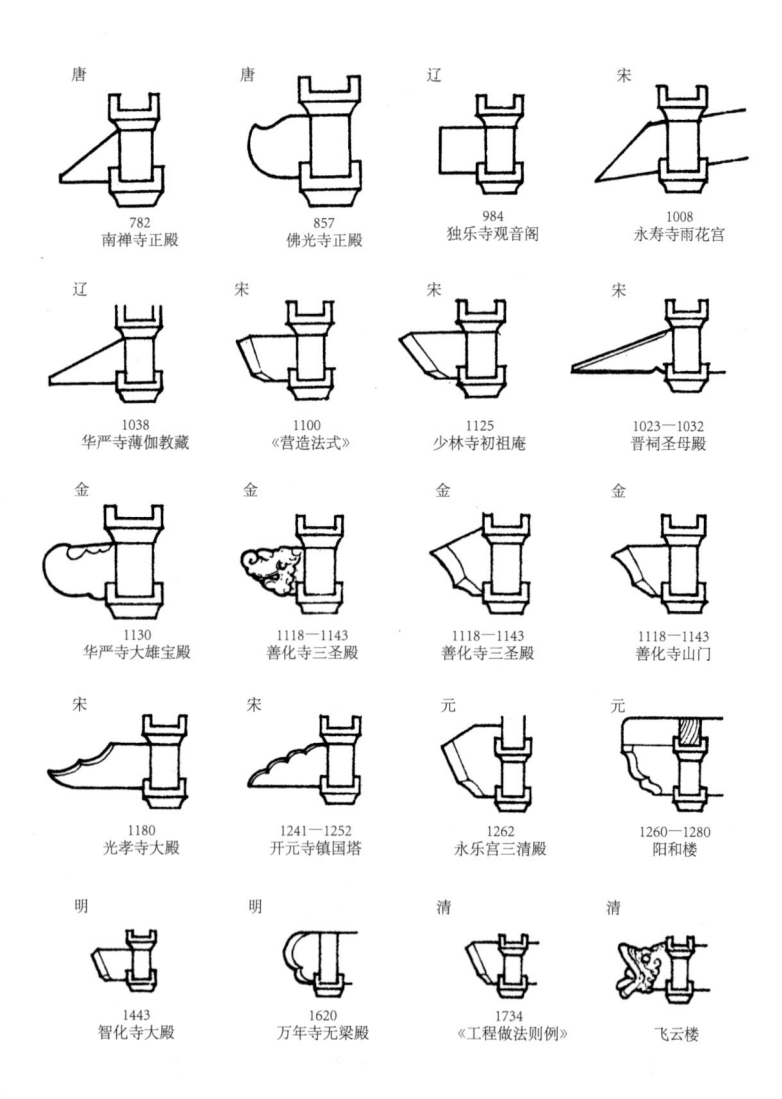

唐	唐	辽	宋
782 南禅寺正殿	857 佛光寺正殿	984 独乐寺观音阁	1008 永寿寺雨花宫
辽	宋	宋	宋
1038 华严寺薄伽教藏	1100 《营造法式》	1125 少林寺初祖庵	1023—1032 晋祠圣母殿
金	金	金	金
1130 华严寺大雄宝殿	1118—1143 善化寺三圣殿	1118—1143 善化寺三圣殿	1118—1143 善化寺山门
宋	宋	元	元
1180 光孝寺大殿	1241—1252 开元寺镇国塔	1262 永乐宫三清殿	1260—1280 阳和楼
明	明	清	清
1443 智化寺大殿	1620 万年寺无梁殿	1734 《工程做法则例》	飞云楼

历代耍头样式

枋 榑 椽

中国木构建筑是框架结构的建筑形式，枋、榑、椽与立柱构成了中国木构建筑的主体框架。

枋榑椽的演化

从考古学上我们知道，中国古建筑自原始社会起，有着房屋木框架结构与承重墙结构两者同时兼用的形式[15]。仰韶文化陕西半坡遗址发掘的多处居住建筑物，面积均不大，大致相当于现在一间房屋的面积，有圆形、椭圆形、圆角方形等平面形状。结构形式为房屋中心设置数根立柱，用以承托屋面，屋面使用排列紧密的椽木涂以一定厚度的草泥，呈伞状。墙壁由紧密排列的木柱外涂较厚的草泥构成，以密集木柱涂泥构成的墙壁，兼具木构架及承重墙的特性。这种木骨架承重墙在仰韶文化郑州大河村遗址、河南偃师早期商代宫殿遗址都有发现使用。

之后，在结构上的发展中，墙壁内密集的立柱逐步成为有规则的排柱，这些柱子作为墙壁的骨架，也逐步独立支撑屋面

山西长子正觉寺枕槫橼

结构，这也就形成了以后穿斗式房屋柱架的雏形。木骨架承载墙发展为"穿斗式"柱架，柱架最后演变为梁架，中国式的木框架结构体系到此才正式确立起来[16]。墙壁的排柱形成柱网，柱网早期是依据屋顶的结构来布置，柱和柱之间为保持稳定性都使用连梁连接，构成整体构架以此来增加稳定性。当对房屋内部的使用空间有新的要求或者更大的要求后，立柱明显形成了障碍，为取消立柱，把不承重的连梁改成可以承重的大梁，梁架就自然应运而生，这也就形成中国木构建筑的梁架形式。

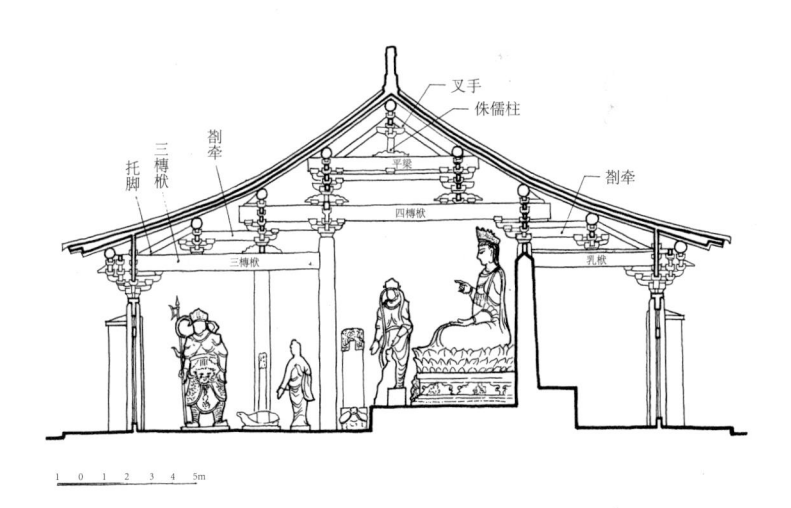

梁架木构件

栿槫椽的构成

栿。为进深立柱上承托的大梁，宋制称栿，清制称梁。梁栿根据使用位置及承载能力的不同，有主梁栿和次梁栿。主梁栿以进深方向架设在房屋的前后檐柱间，跨室内大部或全部进深空间，其上累加渐收缩的梁栿，以形成坡屋顶。宋制梁栿以每层梁栿跨的槫间椽数来命名；清制以每层梁栿跨的槫数命名，如梁长跨八架椽，宋制称为六椽栿，清制称为七架梁；梁长跨四架椽，宋制称为四椽栿，清制称为五架梁，以此类推。而一架椽的梁被称为劄牵，清制称抱头梁或单步梁；两架椽的梁被称为乳栿，清制称双步梁。但最顶层跨两架椽，宋制称为平栿，清制称为顶梁。

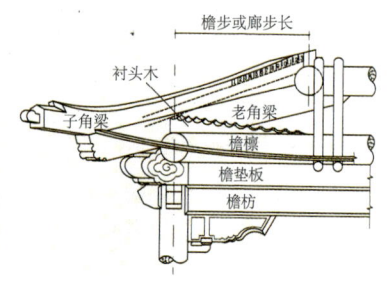

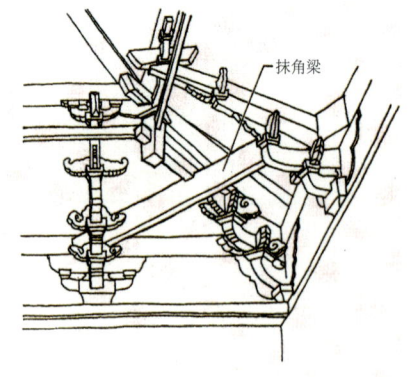

上：山西平顺天台庵四椽栿、平栿
中：老角梁、子角梁
下：抹角梁

在屋角使用斜出45度角的梁栿为角梁（宋制称阳马），角梁一般由上下两梁相叠，上为子角梁（仔角梁），下为老角梁[17]。屋角另有抹角梁和递角梁，抹角梁为在平面上和角梁呈垂直角的梁，递角梁和角梁同方向。

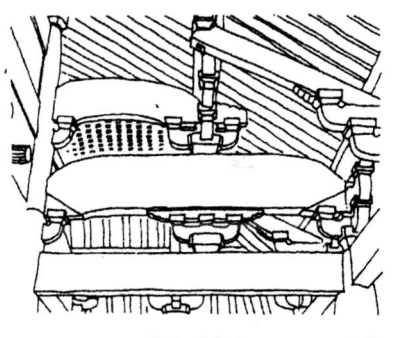

江苏苏州虎丘山二山门月梁

梁栿从外观上有直梁和月梁之分，月梁在汉代也被称为虹梁，梁的肩部呈弧线形，梁底内凹，梁的侧面常以琴面并饰有浅雕。月梁在不同地区民居建筑中使用，常有区域特有形式及

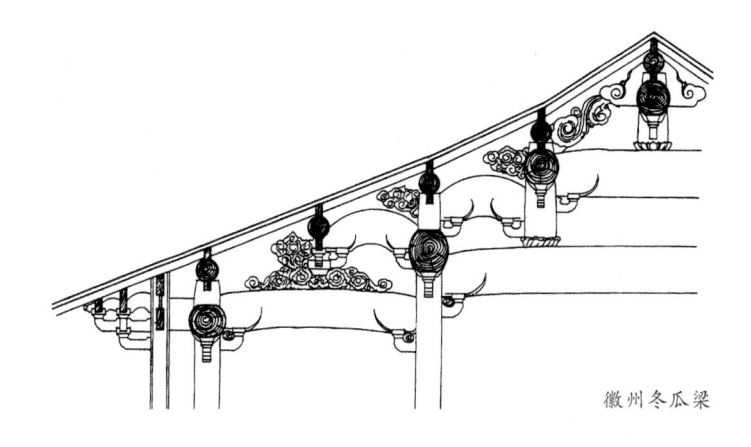

徽州冬瓜梁

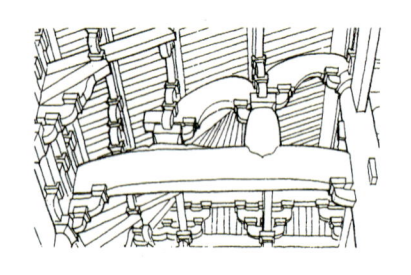

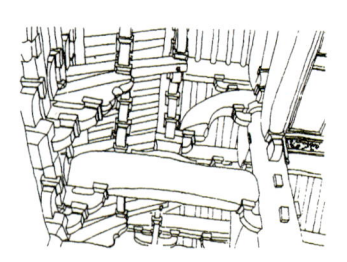

浙江武义延福寺大殿蝦梁

称谓，如在皖南、浙西和赣东等古徽州地区，有种月梁形如滚圆的冬瓜，被称为冬瓜梁；在福建地区，有种斜向梁，支撑点不在一个水平上的月梁，梁一头高一头低，被形象地称为蝦梁或猫梁。

草栿

另有一种遮在天花藻井内的梁栿，因不外露，不需精细加工，被称为草栿。实际上，在山西一些木构古建筑尤其是民居建筑中，这种未经精细加工，甚至是原木略加顺直的梁栿，也大量地外显使用。而有一些梁栿因受木料所限，作为梁栿使用会在某些方面不足，如长度不够。为充分发挥木料的作用，会在柱头有支撑处进行对接，使两根木料相接为一根梁；也有在某处略细，就使用镶嵌的方式，使木料符合梁的使用。有一种特殊的衬木，用以增加梁栿的断面加强其应力，称为缴背。

梁的断面多为矩形（也有圆形，甚至直接使用原木），宋制梁的高宽比约3：2，而明清则近于方形。梁头在早期为垂直切割，唐代大量使用批竹梁头，宋元多用蚂蚱头，明清则用卷云或桃尖嘴。梁的承接也有多种，有把梁头直接插入柱头斗栱之中，伸出做斗栱昂头（这种使用被视为唐代木构建筑的一个显著特征）；或搭接在柱头的栌斗之上；或梁尾插入柱身，其下用插栱承接；或由下层梁背再接蜀柱、驼峰、斗栱等支撑。

槫。梁上接相交方向的构件，再承接椽及屋面，宋制称槫，清制称檩或桁。根据使用位置，槫可分为脊槫（清制称脊桁）、上平槫（清制称上金桁）、中平槫（清制称中金桁）、下平槫（清制称下金桁）、牛脊槫（清制称正心桁）、撩风槫（清制称挑檐桁）。

为了使梁架更加牢固，一般会在槫下与槫平行的位置安置枋木以加强联系，这种枋木被称为随槫枋，清制根据使用位置称为脊枋、上金枋、下金枋、檐枋。宋制一般在斗栱直接与槫连接的地方设置替木作为辅助，替木两端作弧形卷杀。宋制另有替木下连接斗栱之间的支撑木，称为"襻间"。襻间的高厚与所连斗栱的高厚相同，长度和间宽相同，两端分别插入半栱内。在槫的上方背上，为了使屋面纵向呈曲面升起，会使用生头木。

槫在房屋两侧山墙处常需伸出一部分，以作山墙的保护遮挡，这种伸出被称为"出际"。伸出的长度由房屋的进深大小而定。《营造法式》有记，两椽屋出二尺至二尺五寸，四椽屋出三尺或三尺五寸。

椽。椽是槫上用来承托屋面望板（或望砖）的条目，与槫方向相交，一般为圆形或方形截面，也有半圆截面。椽因使用位置不同，名称也各不相同，有在檐口使用的檐椽，也有在屋顶使用的脊椽等。在卷棚顶上，最顶处使用曲椽，称为罗锅椽。曲椽也在一些轩、亭等小品建筑上使用。为增加屋檐的冲出和翘起，在檐椽之上再安置檐口椽子（飞子），与檐椽相配。

早期檐椽的使用，在汉石室和墓阙檐下有实例发现，如四川雅安高颐阙、河北定兴北齐义慈惠石柱等。木构建筑，佛光寺有上方下圆的飞子和檐椽，可知飞子和檐椽的使用在唐代已成定式。

椽的连接缝在每一根椽上，唐宋采取上下椽头相错，其后发展为两椽头斜削对接。在椽与椽之间安置单块板，用以固定每椽，称为隔椽板，也有在规格较高的建筑上使用相同功能的椽椀板，椽椀板是按照椽径和椽距在木板上挖出椀洞，以形成固定椽子的卡固板。

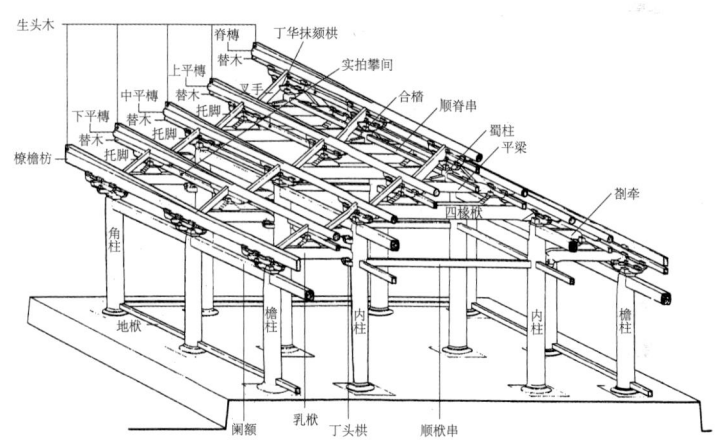

房屋梁架结构

其他梁架构件

蜀柱。也称侏儒柱或瓜柱。蜀柱早期用在脊槫下，梁架的其他部位承梁用驼峰，或用斗栱和矮木，元代后逐步使用。蜀柱多为圆形截面，少有方形，南禅寺大殿蜀柱为方形。

叉手与托脚。叉手是支撑脊槫及蜀柱的斜撑构件，使用在脊槫下，一般和蜀柱并用，但也有仅使用叉手的。佛光寺脊榑下就只用了叉手没有蜀柱。叉手在宋辽金建筑中广泛使用，元代用材较为细长，明清建筑中几乎不见使用，尤其是重要建筑。托脚也是斜撑的构件，与叉手的区别是使用的位置，叉手使用在脊榑之下，而托脚下端支于梁栿背，上端托撑榑侧。最早使用实例为唐代建筑，南禅寺大殿、佛光寺东大殿均有使用，在宋辽金建筑中也都有使用，元代出现不用的建筑，明清建筑中几乎不见使用。

驼峰与合㮰。驼峰是在斗栱或蜀柱下以承托梁栿，状如骆驼双峰的构件。除尺度、形状有所变化以外，各代建筑均有使用。驼峰有全驼峰和半驼峰的区分，半驼峰少见。佛光寺大殿有将枋和华栱尾部延伸，作半驼峰承托交互斗及令栱的实例。宋代驼峰以出瓣和入瓣加两尾卷尖多见，有鹰嘴、掐瓣、笠帽等多种形式。辽金时期驼峰除承传上代形式，也有新的形式加入，晋祠献殿驼峰高达70厘米。元代驼峰则趋于简单，使用出瓣和入瓣的已不多见，明清则多用云纹或荷叶墩等样式[18]。合㮰是用在蜀柱下部两侧，将蜀柱与梁栿紧固的构件，外观有时易与驼峰混淆，两者的区别除形状以外，驼峰是在蜀柱之下，两侧有出际，而合㮰是在两侧。合㮰有矩形、弧形、折线形，也有做成两瓣鹰嘴驼峰式样的，如佛光寺文殊殿之合㮰。

山西晋祠献殿梁的构件

上：山西平顺佛头寺合楷

中：山西长子布村玉皇庙叉手与托脚、驼峰

下：蜀柱

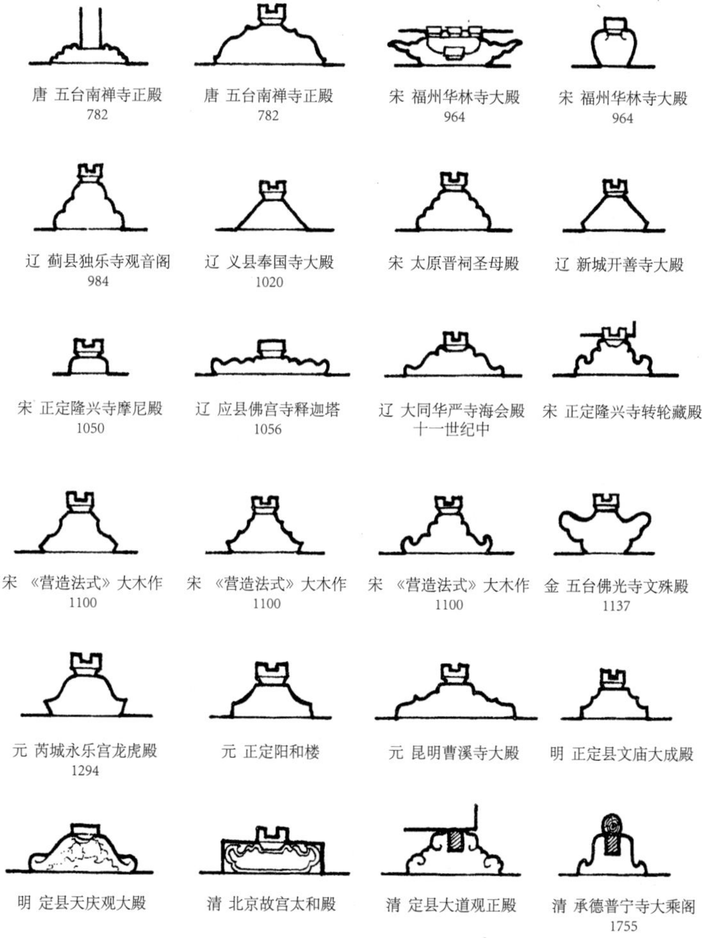

· 木构架 · 275

唐 五台南禅寺正殿 782	唐 五台南禅寺正殿 782	宋 福州华林寺大殿 964	宋 福州华林寺大殿 964
辽 蓟县独乐寺观音阁 984	辽 义县奉国寺大殿 1020	宋 太原晋祠圣母殿	辽 新城开善寺大殿
宋 正定隆兴寺摩尼殿 1050	辽 应县佛宫寺释迦塔 1056	辽 大同华严寺海会殿 十一世纪中	宋 正定隆兴寺转轮藏殿
宋《营造法式》大木作 1100	宋《营造法式》大木作 1100	宋《营造法式》大木作 1100	金 五台佛光寺文殊殿 1137
元 芮城永乐宫龙虎殿 1294	元 正定阳和楼	元 昆明曹溪寺大殿	明 正定县文庙大成殿
明 定县天庆观大殿	清 北京故宫太和殿	清 定县大道观正殿	清 承德普宁寺大乘阁 1755

历代驼峰做法

间、椽与房屋规模

我们在描述一栋古建筑的规模的时候，一般用面阔几间、进深几椽来表述。这一方式的使用从何时开始，现在很难考证。827年，也就是唐文宗初年，有诏文规定"王公之居不施重栱、藻井，三品堂五间九架"，可见用间、椽（架）衡量房屋规模在中唐时期已经普遍使用，开始使用这一表述也至少应在中唐以前。

间在传统的概念中，以两个不同的概念出现，有时较为含糊。一种是无严格尺度概念的，如"安得广厦千万间"，只是形容房屋之多，还有如"一间卧房"这也是泛指一个空间。而这里表述的一栋建筑面阔几间、进深几椽，却是一个尺度的概念，能够准确地表述建筑的规模。房屋四柱之间的面积称为间，间也是由两片梁架构成，栿和包括进深的前后檐柱等，形成一片梁架。这个片梁架北方称为缝，南方地区称为贴。房屋通过增加片梁架来增加面阔的间数，两片梁架就构成了间，两片梁架的距离称间广。房屋进深两槫之间的间距（椽的投影水平长度）称为椽长。所以，面阔的间和进深的椽也就能够准确地表述建筑的规模。

实质上，房屋正面尺度用间计，进深用椽计，是由建筑的结构所决定的。房屋正面用间计不难理解，正面有明确的承重的每片梁架，梁架下的立柱把房屋正面划分为规则的距离，即间宽，间宽自然也就成为房屋面宽的度量单位。但房屋的进深却不便测量，因为除屋架两端的柱子，中间据梁栿长短的变化，立柱可增可减，因空间的需要还有减柱，这样用柱间距就不方便计算进深。而房屋的椽长和椽数就能很好地解决这一问题。

房屋用椽数，就是房屋的进深，也称为几椽屋。房屋椽数有的和房屋最长梁栿相等，也有的包括多个梁栿的长度，如房屋进深为六椽，也称为六椽屋，具体可为六椽檐栿通搭用两柱

四椽栿（四椽屋）

四椽栿对乳栿（六椽屋）

·木构架· 279

三椽栿对劄牵（四椽屋）

五椽栿对后劄牵（六椽屋）

1. 陈明达，中国古代木结构建筑技术（战国——北宋）.北京：文物出版社，1990：10
2. 丁援，一本书读懂中国建筑.北京：中华书局，2012：267
3. 傅熹年，中国古代建筑概说.北京：北京出版社，2016：83
4. 郭华瑜，中国古典建筑形制源流.武汉：湖北教育出版社，2015：181
5. 同上，179
6. 张家骥，中国建筑论.太原：山西人民出版社，2003：399
7. 刘敦桢，刘敦桢全集（第六卷）.北京：中国建筑工业出版社，2007：186
8. 李金龙，识别中外古建筑.上海：上海书店出版社，2016：62
9. 李允鉌，中国古典建筑设计原理.天津：天津大学出版社，2005：99
10. 刘敦桢先生在其《中国古代建筑史》一书中，引用了1955年12月《考古学报》第10册中陈梦家先生"西周铜器断代"一文对令毁的建筑结构性描述，并认为这些构件的形状和组合与后代檐柱上的构造方法大体相同。其后，东南大学潘谷西先生在其《中国建筑史》、郭华瑜先生在其《中国古典建筑形制源流》中均有如此论述。
11. 潘谷西，中国建筑史.北京：中国建筑工业出版社，2015：277
12. 这个结论是山东德州唐大华先生在其网络空间上通过大量例证所得。
13. 潘谷西，中国建筑史.北京：中国建筑工业出版社，2015：279
14. 2013年发掘出土的山西忻州市下社村九原岗北朝大墓，墓门上方有一幅壁画，壁画中绘制有享殿建筑，画面写实程度较高，在其柱头铺作中明显使用了斜栱，也有认为是画师绘制透视的结果。
15. 直到今日，在一些地区的民居建筑上，这些兼用的模式还一定程度上存在。
16. 李允鉌，中国古典建筑设计原理.天津：天津大学出版社，2005：203
17. 刘敦桢，刘敦桢全集（第六卷）.北京：中国建筑工业出版社，2007：196
18. 刘敦桢，刘敦桢全集（第六卷）.北京：中国建筑工业出版社，2007：202

第五章 屋身

屋身的视觉转换

　　从常规认知和一定意义上，屋身是整个建筑物的主体外观形态，是建筑物获得视觉焦点和美观的关键，在体量上率先映入视线。这一常识在西方建筑或现代建筑上的确获得了有力印证，建筑物的造型变化首先取决于屋身的结构变化，屋身的形态、线面甚至材料都直接关系着建筑物的整体造型和视觉观感。

　　我们在现代建筑上获得的这种视觉体验与视觉感受，却无法在中国古建筑上得到实现。不管是群体房屋还是单体房屋，古建筑的屋身在建筑的整体外貌上，所处的并不是视觉中心，甚至无论是自身形态还是视觉感受，屋身所呈现的视觉影响很小，这点特别表现在中远距离观看中国古建筑上。一般来说，古建筑单体房屋不会孤立地存在，大多以院落群体的方式出现。现代的单体古建筑遗存，多数是周围房屋坍塌、损坏，没能保存完好所形成的。从远距离观看古建筑，视觉感受是古建筑的群体性，群体性视觉占据主体的是房屋的大屋顶，这也是中国古建筑把大屋顶作为显著特征的原因。所谓"四围山木合，百磴屋檐重""如跂斯翼，如矢斯棘，如鸟斯革，如翚斯飞"等，无不是对建筑屋顶重叠的观感。古建筑房屋从立面上看除了台基和硕大的屋顶，以及层叠的斗栱以外，屋身所占的视觉比例很少，往往后退于檐下，形成一个灰空间，远观房屋屋身自然就形成了一个次视觉感。

中国建筑的远观

因为古建筑房屋的群体性,古建筑房屋一般很难获得中距离的观看体验,在院落形态中会形成置身其中的近距离观看视觉,房屋的立面也会随观看距离转换。传统院落四周封闭,多以房屋围合,围合的房屋立面形成了院落空间的四壁,这时候,房屋的屋身外显立面,也就成了院落空间内观的四壁,屋身外成了屋身内。正是这种转换,在形成房屋外显立面的同时,自然也会注意到院落空间的内观四壁体验。当外立面的这种内观性受到重视后,样式形态随之发生变化。其一,院落四壁房屋外立面的形象要符合院落环境的氛围;其二,由院落空间进入房屋室内空间视觉感受不能突兀。

基于这种需要,中国古建筑房屋尤其在屋身前檐维护结构中,多采用木门、木窗、隔扇、槛墙等组合结构,就是有墙出现,也是使用低矮的槛墙。门窗雕刻镂空,屋内屋外同构,屋内屋外的视觉观赏性、体验性得到最大的满足,形成整面兼具功能性和观赏性的幕墙[1]。当然,前檐维护结构这样的处理手法,从另一方面说,也是房屋自身的需要,采光、通风、空间过渡等,"构架和门窗所构成的层面退缩在较大的出檐和台基之后,除了构图上的意义外,更主要的目的在于保护木结构避免风雨直接的侵蚀"[2],但毫无疑问它对院落空间、外立面由外及内的转换起到了非常重要的作用。

在院落群体建筑的布局及关系上,构成院落四壁的屋身,

·屋身· 287

在院落里观看中国建筑立面

更多的是房屋的前檐立面，即使是左右两边的厢房也是以前檐围护立面并不是两山围护立面面向院中，院前的房屋后檐围护立面作为通间使用，面向院落一般也会处理成和前檐立面同样的形式。

屋身围护

前檐围护

屋身的前檐围护结构是房屋极其重要的视觉面。房屋前檐的遮挡阻隔结构,唐代建筑多采用砖砌墙体[3],当心间装门,次间、梢间装窗,窗户不大,以直棂窗居多。宋及以后,开窗渐大,以木门、槛窗组合为多。明清木门、隔扇组合渐多,多种形式也有混用。

墀头
木榻板
槛墙

木门、槛窗组合前檐围护

·屋身· 289

左上、左中：木门、槛窗组合前檐围护
右上：山西长子崔府君庙大殿前檐围护
下：前檐槛墙的做法

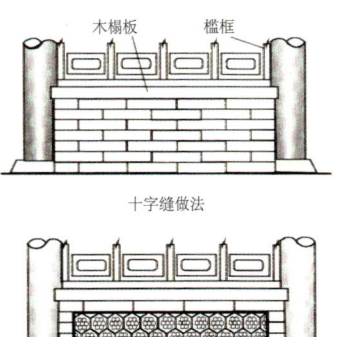

木榻板　槛框

十字缝做法

海棠池做法

琉璃砖做法

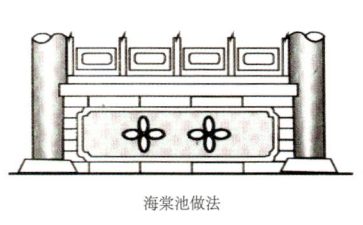

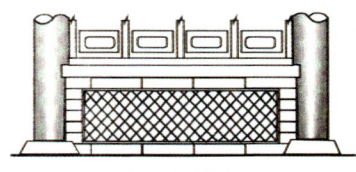

方砖心落膛做法

木门、槛窗组合围护。是指当心间安装木门，在其他各间砌槛墙（矮墙），槛墙之上装槛窗。槛墙早期略高，明清时期一般为檐柱高的1/3，槛墙的外观装饰有用十字缝砌法、海棠砖池子、方砖心落膛、外贴琉璃砖等多种做法。

木门、隔扇组合围护。是指当心间安装木门，其他间安装隔扇组成屋身前檐围护结构，多用于明清大式建筑。

另外有在当心间安装木门，在次间使用隔扇，梢间和尽间使用槛窗的组合方式。

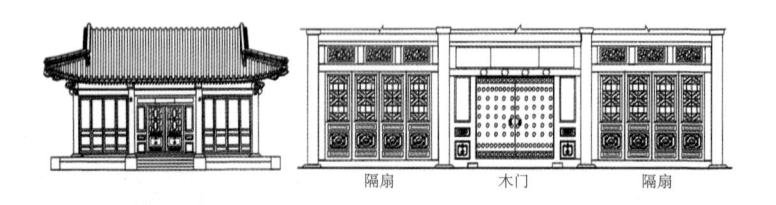

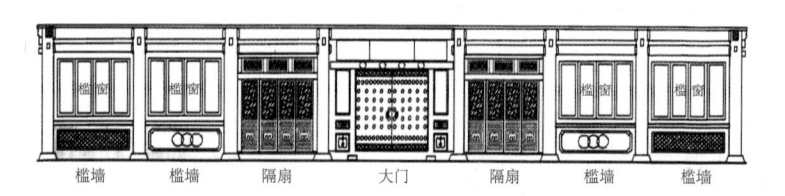

上：木门、隔扇组合前檐围护
下：木门、槛窗、隔扇组合前檐围护

后檐围护

后檐围护是指房屋的后立面,如房屋后立面有通道,整个房屋也有过渡到其后院落房屋的功能,处理成与前檐围护基本相似的形式,也就是前篇所述符合院落四壁环境的视觉美感。不作为通道,没有开口门的,一般会有两种处理方式。

"露檐出"后檐墙。后檐墙砖砌到檐口枋木之下,顶部为防水,做成签尖拔檐,使檐口枋木和梁头外露,墙体分为上身和下身(也称为群肩)两个部分。露檐出多用于庑殿顶、歇山顶和悬山顶,后檐墙有包柱和柱子外露两种做法,后檐墙可设窗也可不设。

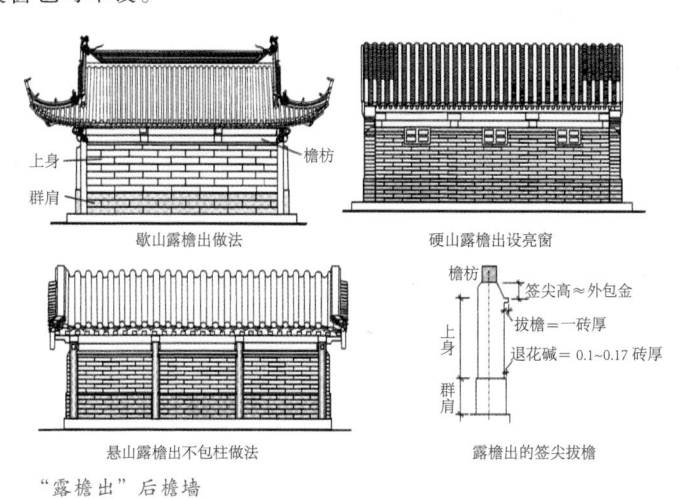

歇山露檐出做法　　　　硬山露檐出设亮窗

悬山露檐出不包柱做法　　　　露檐出的签尖拔檐

"露檐出"后檐墙

左："露檐出"后檐墙
右：山西五台南禅寺"露檐出"后檐墙

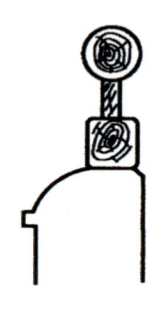

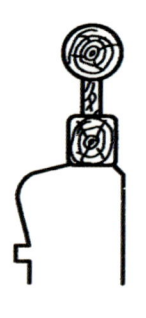

馒头顶　　　　　宝盒顶　　　　　道僧帽　　　　　抹灰八字

"露檐出"后檐墙签尖的几种做法

"露檐出"后檐墙

"封后檐"后檐墙。封后檐是指将后檐砖墙砌满至屋顶底面，檐口枋木封在砖墙内，形成整体的砖墙。后檐砖墙除群肩和上身以外，还有做出层层挑檐的砖檐。砖檐有直线檐、抽屉檐、菱角檐、鸡嗉檐、冰盘檐等。

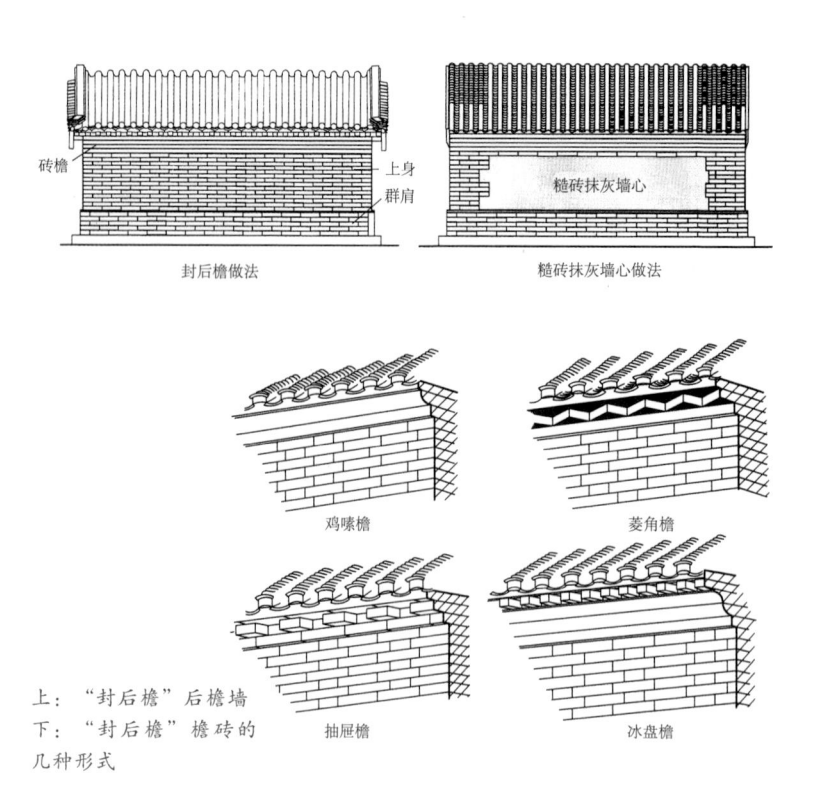

封后檐做法

糙砖抹灰墙心做法

鸡嗉檐

菱角檐

抽屉檐

冰盘檐

上："封后檐"后檐墙
下："封后檐"檐砖的几种形式

双山围护

双山围护是指房屋两侧山面的围护，使用整个山面的隔扇围护，多用于有围廊的房屋，且山面处于明显的观看范围内。两侧山面的围护，更多的是使用如后檐墙"露檐出""封后檐"的形式结构，但"封后檐"在山面使用时被称为"封山"围护。

双山山墙的"露檐出"也就是砖墙砌到山面的檐枋下，将枋木露于外的围护，山墙的"封山"同理为砖墙从下到上满砌，使整个山墙成为封闭性砖砌墙。

庑殿和歇山建筑的山墙，受制于屋顶的结构，多采用"露檐出"围护结构的做法。

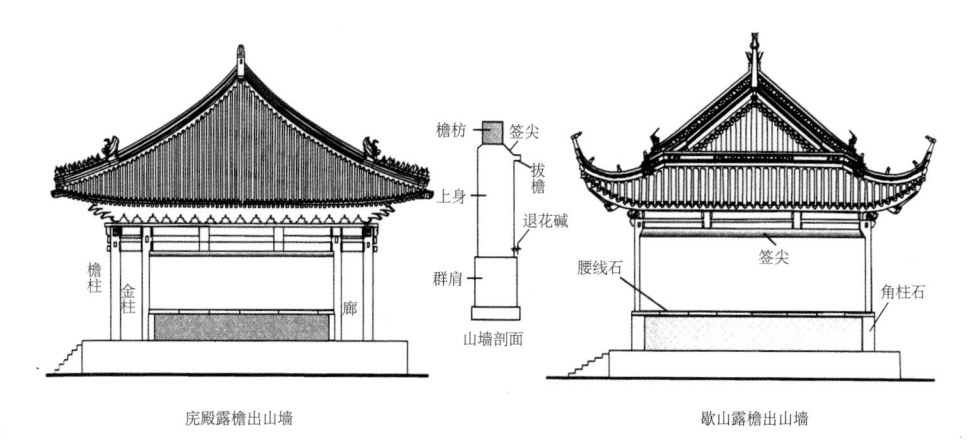

庑殿露檐出山墙

歇山露檐出山墙

庑殿和歇山建筑的山墙

河北高碑店开善寺露檐出山墙

  硬山建筑的山墙多采用"封山"围护结构，在南方民居中还有使用封火墙结构（也称马头墙）的。受形制影响，硬山建筑山墙比其他类型建筑山墙多一个墀头结构，也就是将山墙的宽度延伸出前后檐的位置，这也是硬山建筑的一个特点。墀头结构在宋制中不存在，明清建筑多用。墀头的结构分为群肩、上身和盘头（在南方民居中也称垛头），盘头是山墙博风头的正立面部分，一般有荷叶墩、半混、炉口、枭、戗檐等结构，构成五层或六层挑伸的造型。

出檐
山墙
露

298 ·中国木构古建筑·

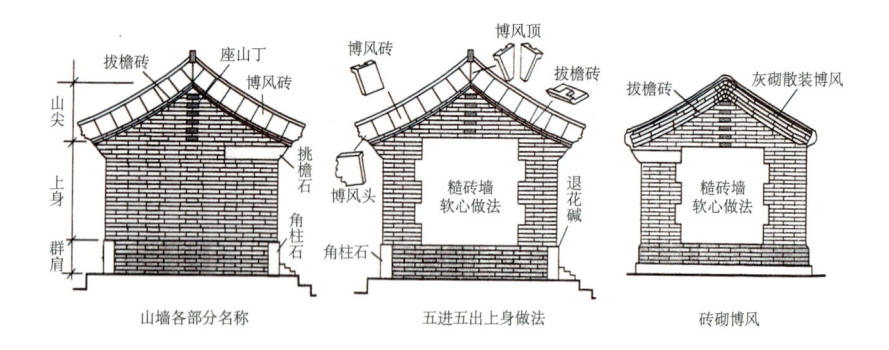

山墙各部分名称 — 拔檐砖、座山丁、博风砖、挑檐石、角柱石、山尖、上身、群肩

五进五出上身做法 — 博风砖、博风顶、拔檐砖、糙砖墙软心做法、退花碱、博风头、角柱石

砖砌博风 — 拔檐砖、灰砌散装博风、糙砖墙软心做法

上、中：硬山建筑山墙"封山"围护
下：硬山建筑山墙马头墙围护

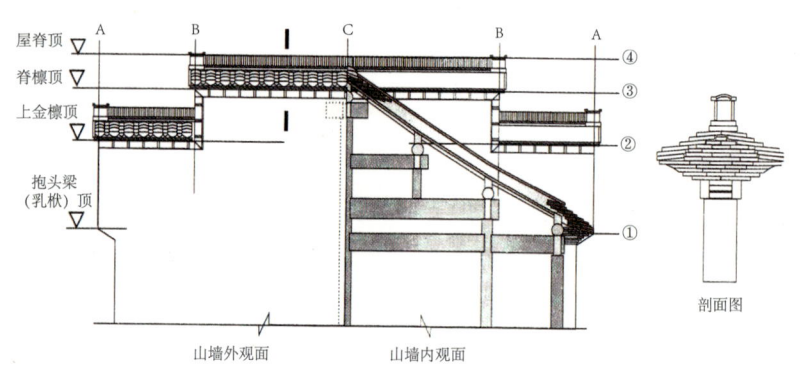

屋脊顶、脊檩顶、上金檩顶、抱头梁（乳栿）顶

山墙外观面　山墙内观面　剖面图

·屋身· 299

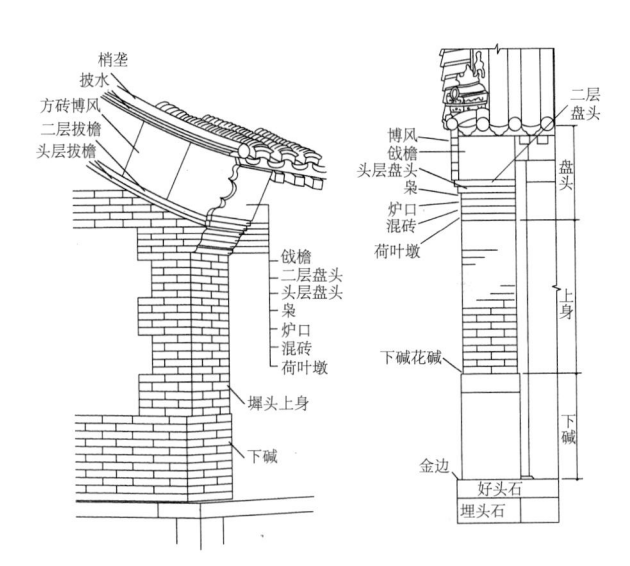

上：硬山建筑墀头
下：墀头砖雕

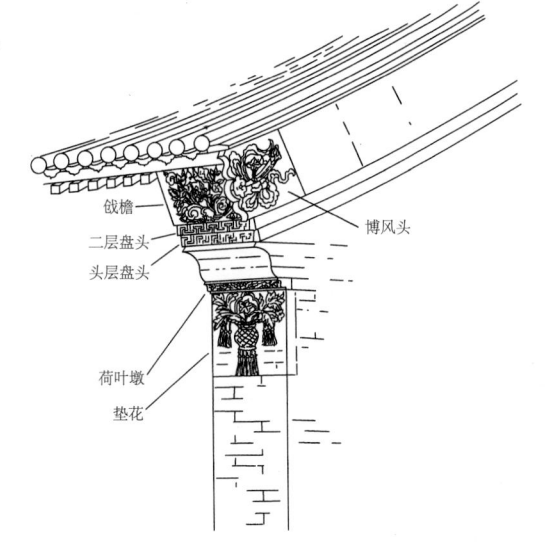

悬山建筑山墙常采用"露檐出"或"封山"的做法，根据房屋所在的地域、气候不同，北方地区多使用"封山"或"露檐出"。南方民居建筑中有将上身墙体砖砌至底层大梁之下，将上层梁和瓜柱露出，各梁层空隙部分用木板遮挡，被称为挡风板做法；也有将上身砖墙砌至底层大梁后，接着将梁层之间的缝隙用砖砌至各层梁与瓜柱之内，将梁的两端和瓜柱露出，称为"五花山"做法。

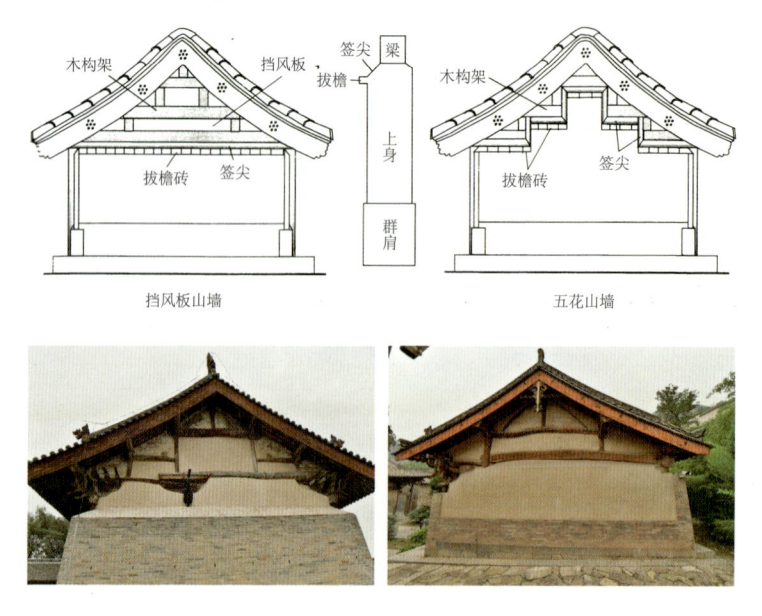

悬山建筑山墙

·屋身· 301

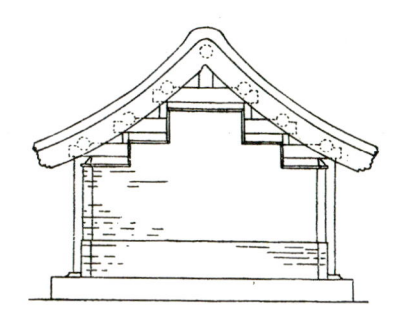

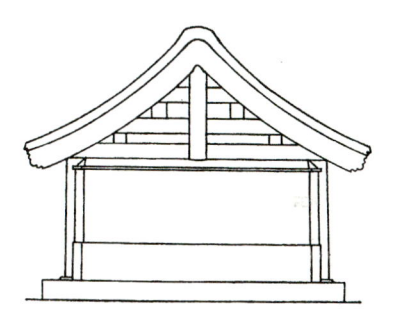

五花山墙

五花山墙

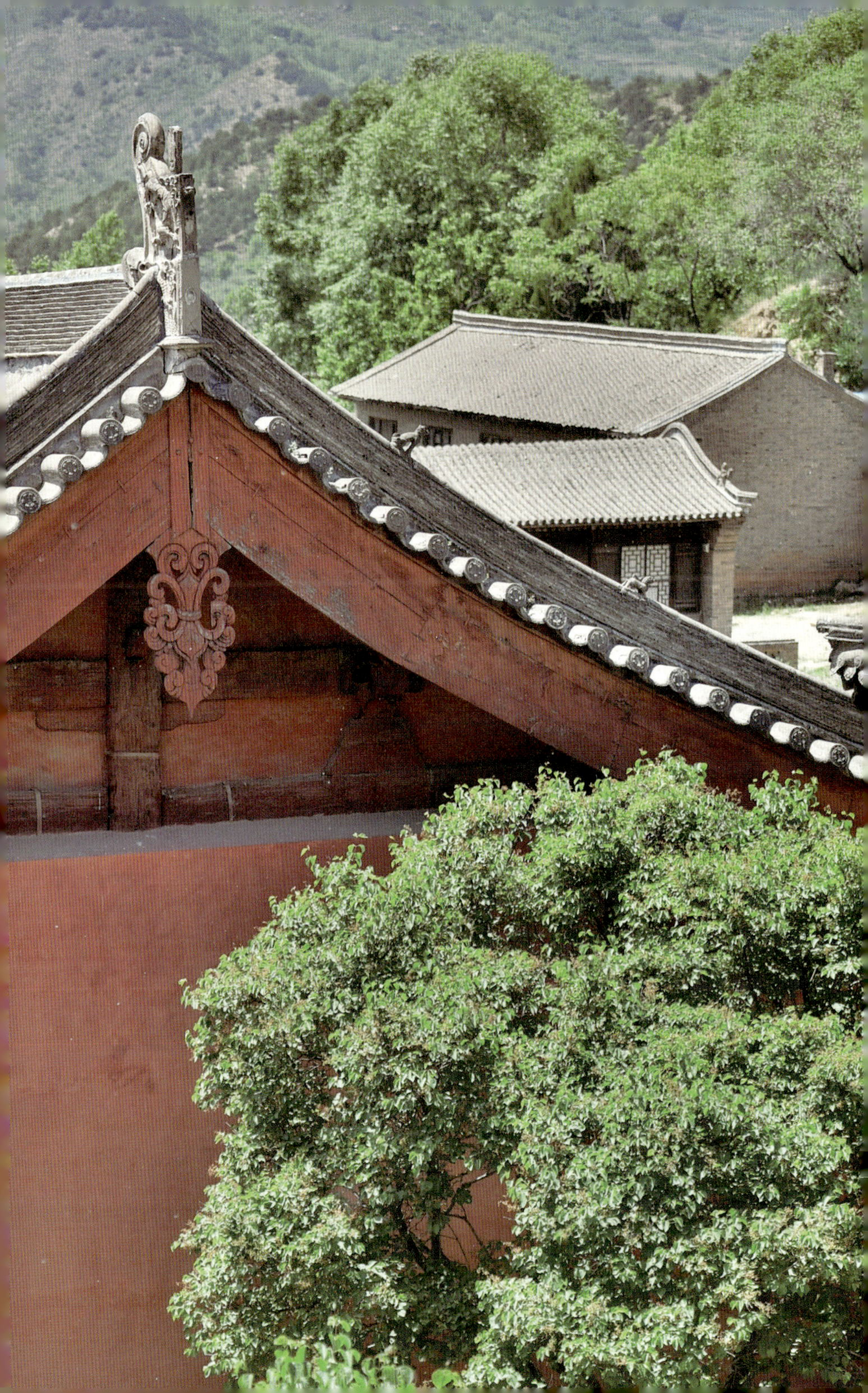

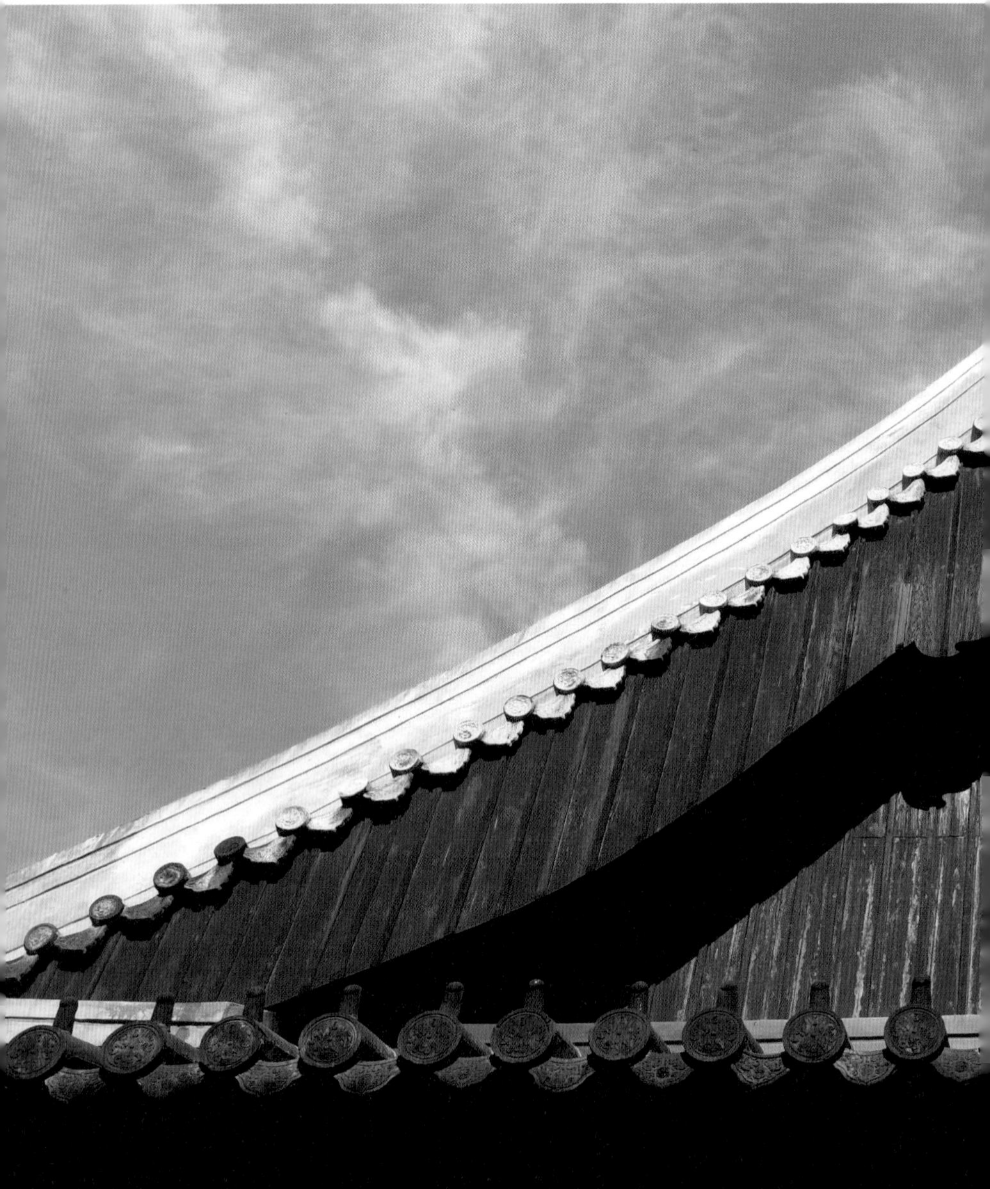

上海真如寺博风板及悬鱼

山面装饰

古建筑两侧山墙上部两坡之间的三角空间，称为山面或两山。山面做封闭或透空处理，常采用木雕和砖雕装饰，也称为山花。

博风板、山花板装饰。博风板是悬山顶、歇山顶山面遮蔽各檩木外伸端头的人字形防护板，宋制称博风板，后代也叫博缝板，意为与风雨搏斗。硬山顶两山使用博风砖，博风砖由大块方砖拼接而成，最下面一块砖称博风头，有素面和雕饰两种。宋《营造法式》记述博风板的做法："造博风版之制，于屋两际出榑头之外安博风版，广两材至三材，厚三份至四份，长随架道。中上架两面各斜出搭掌，长二尺五寸至三尺，下架随椽与瓦头齐。"清《工程做法则例》规定："凡博风板随各椽之长得长，以椽径六份定宽，厚与山花板之厚同。"清制博风板安装时，在板背面挖檩椀槽，将檩头插入，使博风板紧贴山花板。

山花板是歇山山面的三角形风雨挡板，山花板顶部两斜边与檩木上皮齐，山花板上挖檩椀槽，使檩木穿过椀槽口。山花板有素面油漆和彩画贴金两种，彩画纹饰有椀花绶带等，椀花为圆形花饰，绶带为系官印的丝带，有着富贵亨通之意。民居硬山山花用砖雕饰花卉等吉祥纹样。

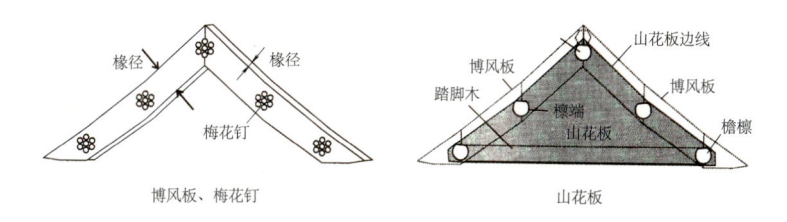

博风板、梅花钉

山花板

上：博风板、山花板、梅花钉
下：博风板

悬鱼、惹草与梅花钉。博风板下设悬鱼（宋制称垂鱼）和惹草。垂鱼在山尖博风板的尖角下，惹草在博风板下皮檩木的位置，垂鱼和惹草可做花瓣纹、云头纹等。传悬鱼是由悬鱼太守典故而来，《后汉书·公羊续传》记："府丞尝献其生鱼，续受而悬于庭；丞后又进之，续乃出前所悬者，以杜其意。"羊续在南阳太守任上，廉洁自律，府丞献生鱼，羊续悬之于庭以拒之，以示清廉，故有"悬鱼太守"之称。而鱼和惹草（一种水草）都喜水，所以对于悬鱼除了相传为主人以示清廉的用意，也有认为就是喜水防火之意，如同藻井内的藻草纹饰。清制建筑有在博风板外立面相对檩木的位置装"梅花钉"作为装饰的做法，梅花钉为梅花形木块，其大小根据建筑形制和博风板大小而定，七个围合为一组。

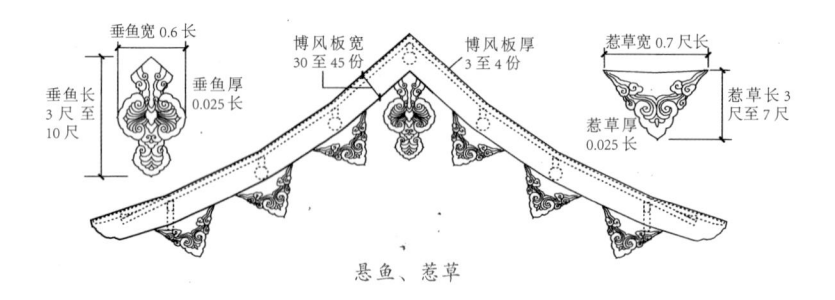

悬鱼、惹草

·屋身· 309

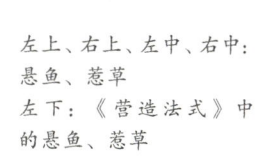

左上、右上、左中、右中：
悬鱼、惹草
左下：《营造法式》中
的悬鱼、惹草

墙壁

墙壁是建筑内外的屏障和围护结构，无论是使用材料、范围、形式都较为广泛。依据使用材料，有土墙（包括夯土和土坯墙）、砖墙、石墙、木墙、编条夹泥墙，也有多种材料混合使用的墙壁，墙体下部为石，上部为土或砖；墙体下部为砖，上部为土；墙体为空斗，面层为砖，中为填土等。

夯土墙是我国墙壁最古老的形式之一[4]，夯土使用木板作为模具分层夯实黏土或混合土（一般用土和石灰混合或土和砂石、石灰混合），也叫版筑，在商、周、汉、唐等建筑遗址中均有发现使用。《营造法式》中对筑墙有明确制式规定，墙面一般有收分，夯土墙的高度为底厚的一倍，顶部厚度为墙高的1/5~1/4，在房屋建筑中，夯土墙的高度实际不高，所以收分也就相应减少许多。

砖是古建筑墙壁广泛使用的材料。战国时期遗址已有发现使用砖，河南北魏嵩岳寺砖塔表明这一时期

夯土墙

砖的制作与使用已经达到了很高的水平。《营造法式》对制砖和砖的砌作有专门的叙述。砌砖的方式有半砖顺砌、平砖丁砌、侧砖顺砌、顺砖丁砌、立砖顺砌、立砖丁砌等多种形式,明清建筑墙体多用三顺一丁、二顺一丁或一顺一丁。砖墙还有空心砖墙、空斗砖墙等。空斗砖墙是用砖砌成中空盒状,填以混合土,多不承重,砌法有马槽斗、盒盒斗、高矮斗等。

在南方民居木构建筑中也常使用木材做外墙和内墙,编条泥墙也在外墙和内墙中使用。石墙除少数山区、小式建筑、墓室等以外,在房屋建筑中的使用不及砖墙和夯土墙普遍,也有部分房屋用石和夯土、砖混合的墙壁。

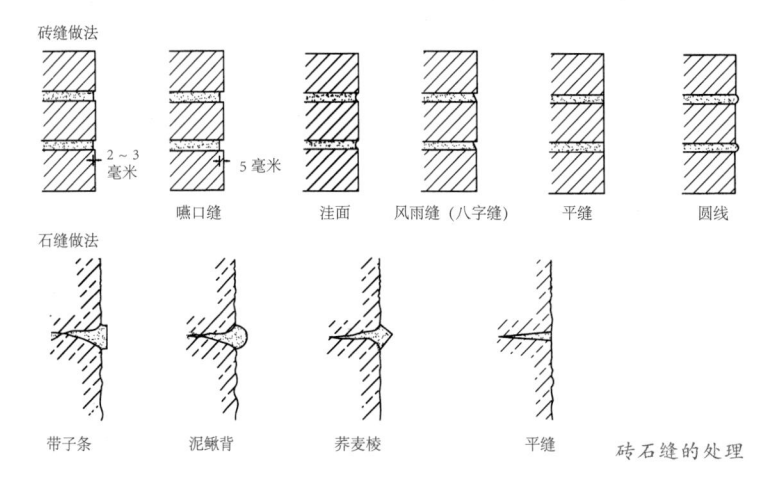

砖缝做法

2~3毫米	5毫米				
	噘口缝	洼面	风雨缝(八字缝)	平缝	圆线

石缝做法

带子条　　泥鳅背　　荞麦棱　　平缝　　　砖石缝的处理

312 ·中国木构古建筑·

上：砖的砌放形式
下：卧砖砌放形式

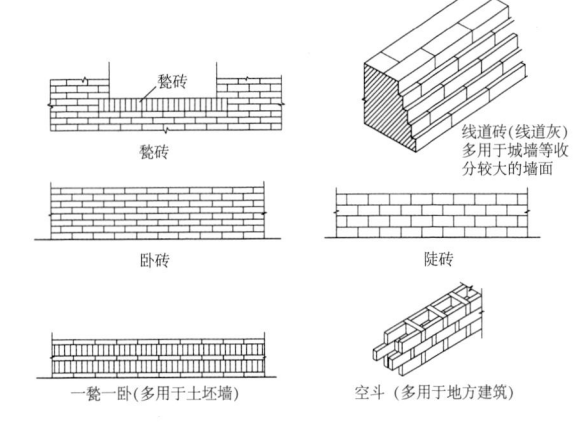

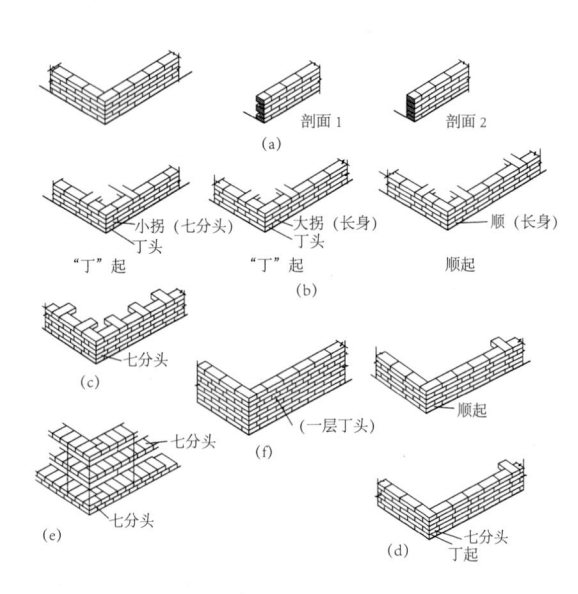

甓砖

线道砖（线道灰）多用于城墙等收分较大的墙面

卧砖

陡砖

一甓一卧（多用于土坯墙）

空斗（多用于地方建筑）

剖面1
剖面2
(a)

小拐（七分头）
丁头
"丁"起

大拐（长身）
丁头
"丁"起

顺（长身）
顺起
(b)

(c) 七分头

(一层丁头)
顺起
(f)

(e) 七分头
七分头

(d) 七分头
丁起

(a) 十字缝；
(b) 三顺一丁；
(c) 一顺一丁；
(d) 五顺一丁；
(e) 落落丁；
(f) 多层一丁（地方手法）

1.李允鉌先生认为由于采用了框架结构,中国古建筑比任何建筑都更早的存在完全由门窗组成一个整体的幕式墙结构。
2.李允鉌,中国古典建筑设计原理.天津:天津大学出版社,2005:181
3.部分采用夯土墙及土坯砖墙。
4.潘谷西,中国建筑史.北京:中国建筑工业出版社,2015:282

第六章 屋顶

屋顶形式

大屋顶是中国古建筑整体构图中最为显著的部分，比例尺度最大，视觉上也最为引人注目。这与西方建筑尽可能用墙遮退屋顶不同，所以大屋顶在一定程度上成为中国古建筑的代名词。"宫""室""宅""家""厢""廊""庭""府""店""库"等与房屋相关的汉字无不是带有顶盖的，这也在一定程度上代表了古人对房盖的深刻感受。

屋顶在房屋的三分台基、屋身、屋顶中，从外形上最受重视。房屋的整体体量、气势等，都可以从屋顶的处理上来实现。屋顶的处理也会使建筑在建筑群中得以体现，中国古建筑组群中诸多的屋顶在一起也形成中国古建筑特殊的景致。

中国古建筑经过发展和经验积累，有诸多的屋顶形式。典型的屋顶形式有庑殿、歇山、悬山、硬山、卷棚、攒尖等。《释宫小记·栋梁本义述上》："天子棺载龙輴，其上加椁，椁上加缪幕，幕上橨之，谓菆聚，其木周於其外，以四注如屋而尽涂之也。"《周礼·考工记·匠人》："殷人重屋，堂脩七寻，堂崇三尺，四阿重屋。"郑玄注："四阿，若今四注屋。"贾公彦疏："此四阿，四霤者也。"这里的四阿、四注、四霤，都是指四面落水的四坡顶，也就是庑殿顶（五脊顶），这是已知文献资料对屋顶最早的直接描述。四坡顶和人字顶是其他各房顶演变之源,在古建筑的发展中,以四坡顶和人字顶为基础,发展出诸多屋顶形式。

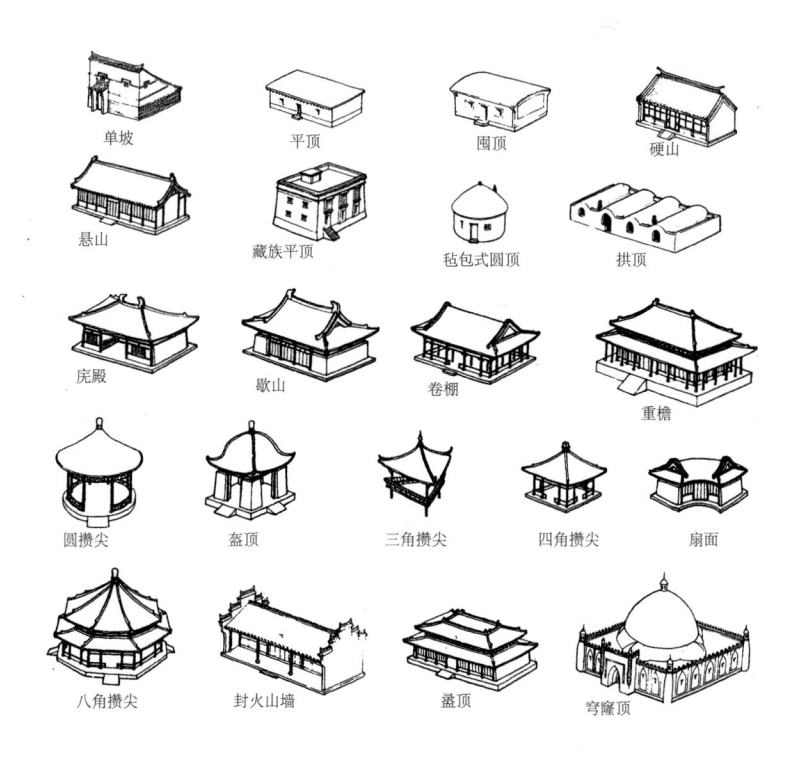

单坡	平顶	囤顶	硬山
悬山	藏族平顶	毡包式圆顶	拱顶
庑殿	歇山	卷棚	重檐
圆攒尖	盝顶	三角攒尖	四角攒尖	扇面
八角攒尖	封火山墙	盝顶	穹窿顶

中国传统屋顶形式

庑殿（宋制称四阿顶、五脊殿）。古代建筑中建筑级别最高的屋顶形式，一般用于皇宫、庙宇中最主要的大殿，有单檐也有重檐，重檐庑殿顶更为隆重。单檐庑殿顶有一条正脊和四条四角的垂脊，共五条脊，所以单檐庑殿顶也称五脊殿。文献中最早的庑殿顶，商代就有记述，周代青铜器、汉画像石、南北朝石窟中都有庑殿顶的建筑，最早的庑殿顶实物木构古建筑为佛光寺大殿。清代庑殿顶有种特殊的"推山"做法。推山是将正脊的两端加长，将两山尖向外推出，这样是调整开间较少的庑殿顶，避免正脊太短造成垂脊的曲线较小（呈直线），使推山后垂脊的曲线更趋于舒展。推山加长了脊桁（檩），使脊

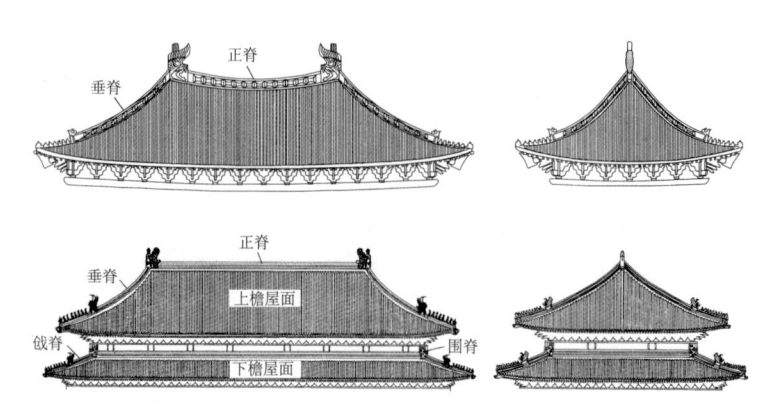

上：单檐庑殿顶
下：重檐庑殿顶

桁伸出梁架之外，脊桁两端正吻处用雷公柱支撑，雷公柱下用一道太平梁，放在前后的金桁上。

歇山（宋制称九脊殿）。歇山顶的等级仅次于庑殿顶，由正脊、四条垂脊、四条戗脊组成，所以称九脊殿。歇山顶现存最早的木构实例为五台南禅寺大殿。刘致平教授认为，其原为人字顶，后来在人字顶的周围又加上一周围廊，于是便成了歇山顶，在汉阙的石刻及山西霍县东昌寺正殿上全可以得到证明[1]。《清式营造则例》解释："歇山是悬山与庑殿合成。垂脊的上半，

单檐庑殿顶

庑殿尽间构架纵剖面

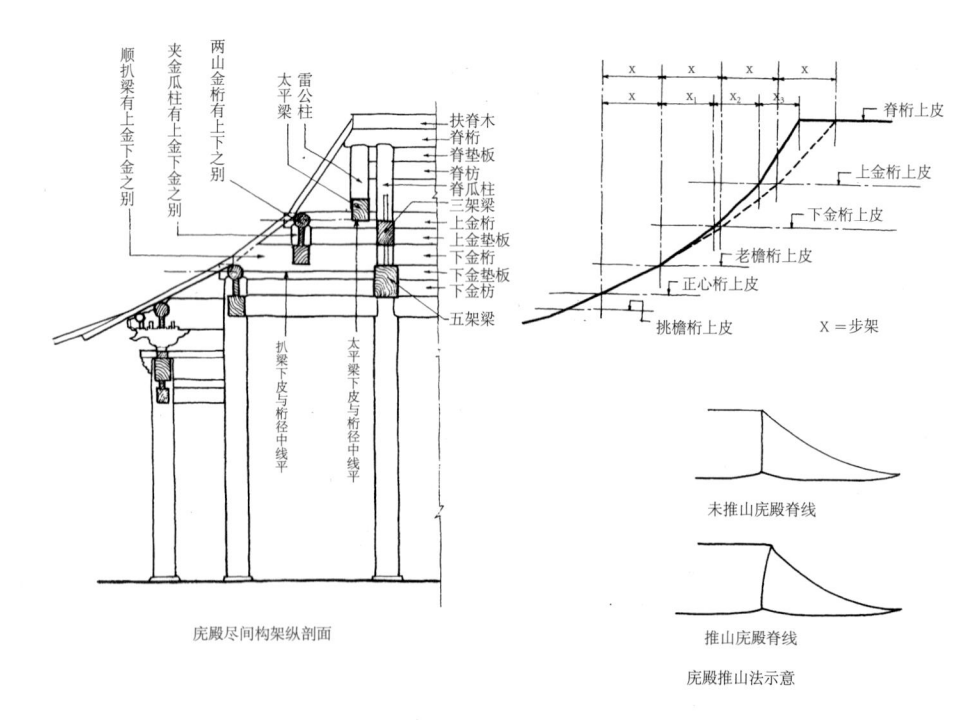

庑殿推山法示意

清代庑殿顶"推山"做法

由正吻到垂脊间的结构,与悬山完全相同。下半与庑殿完全相同,由博风至仙人,兽前兽后的分配同庑殿一样。下半自博风至套兽间一段叫戗脊,与垂脊在平面上成四十五度。"歇山的山面有博风板、悬鱼等,山花面上通常钉以护缝条,或开窗或饰以雕刻、彩画,变化甚多[2]。

悬山。悬山是两坡顶的一种,是比较多见的一种屋顶形式,从壁画、石雕、汉画像石等反映出,重要建筑一般不用,规格

·屋顶· 321

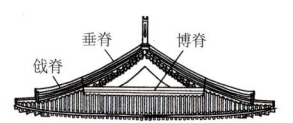

宋制单檐歇山正、侧立面

单檐歇山顶

戗脊　　　　　　　　　　排山垂脊　　　　　博脊

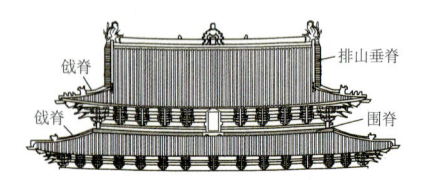

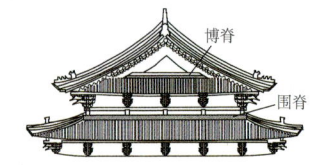

戗脊　　　　　　　　　　围脊　　　　　　　围脊

宋制重檐歇山正、侧立面图

重檐歇山顶

卷棚歇山顶

应比庑殿、歇山要低，多用于民间建筑。悬山的屋檐两端悬伸在山墙以外（也称挑山或出山），有正脊和垂脊，卷棚的悬山顶不用正脊。山墙一般会露出木构架的柱、梁和枋，也有做成五花山墙，使用博风板防护出檐椽。

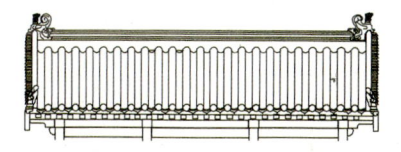

悬山顶

悬山顶

硬山。硬山也是两坡顶的一种，和悬山顶不同的是，两山屋檐不悬出。两山的山柱、檐柱、排山及檩头都被砌在山墙内不露出，山墙头垂脊下做"排山沟滴"，砌博风砖，山墙作墀头。硬山顶在宋代已有使用，山墙的做法和砖的大量使用有关系；明清时期在民居建筑上应用广泛。

硬山顶

攒尖（宋制称斗尖）。攒尖顶最早见于北魏石窟的石塔雕刻。攒尖的顶部中心集中在一点，数条垂脊交于顶部，上覆以宝顶，有方、圆、六角、八角等。屋架结构随平面形式不同而异，一般单檐居多，多檐也有在塔上应用。

屋顶形式还有陕西地区民居建筑的单坡顶，以及在一些少雨地区使用的平顶；将庑殿顶上部做成平顶的"盝顶"，屋脊呈"十字脊屋顶"等。

攒尖顶

攒尖顶

屋面材料

中国古建筑屋面用材有茅草、泥土、石板、布瓦、琉璃瓦等。官式建筑多用琉璃瓦、布瓦等，民居建筑多用布瓦、茅草、泥土、石板等。石板在一些石料充沛的山区使用；茅草、泥土虽在各代都一直使用，但主要是在民间和收入较低的阶层；在后朝，布瓦在民居建筑中使用比较普遍。

琉璃瓦屋面。琉璃瓦是陶瓦（明代以后为瓷土瓦）表面施釉的瓦，瓦饰釉既美观，又增加瓦面走水、抗水的效能，一般用于较为高级的宫殿、庙宇等建筑。清制琉璃瓦的使用有严格的等级规定，亲王、郡王等阶层用绿色或绿剪边琉璃瓦，皇宫和庙宇使用黄色或黄剪边琉璃瓦，皇家园林可以用琉璃集锦屋面。在汉代明器及器皿中已有使用黄色釉，南北朝时期已有使用琉璃瓦的发现，宋代以后使用琉璃瓦渐多，至少在唐代琉璃瓦就不仅有黄、绿的颜色。琉璃瓦屋面都用筒板瓦、鸱尾（后来改为鸱吻、兽吻）、垂兽、角兽、仙人走兽等[3]。

琉璃瓦屋面使用的瓦件较多，主要有筒瓦、瓦垄、板瓦、勾头瓦、滴水瓦，以及星星瓦、钉帽、瓦钉等[4]。在一些圆形攒尖顶的瓦垄呈放射状的屋顶，还使用前端大后端小的竹子筒瓦和竹子板瓦。琉璃瓦屋面除常规做法以外，另有琉璃剪边、琉璃聚锦做法。琉璃剪边是用琉璃瓦做檐头和屋脊，用削割瓦或布瓦做屋面，或者以一种颜色的琉璃瓦做檐头和屋脊，用另一种颜色的琉璃瓦做屋面。宋元以前的剪边，琉璃只用在屋脊，不用在檐头。琉璃聚锦是以两色或多色琉璃瓦拼成图案的做法。

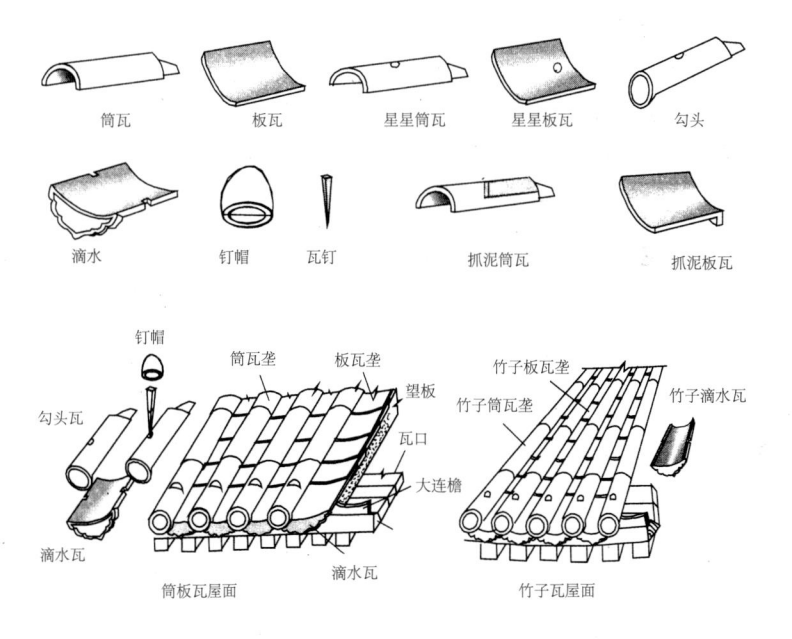

上：琉璃瓦屋面瓦件
下：琉璃瓦屋面

琉璃瓦屋面

布瓦屋面。布瓦为颜色深灰色的黏土瓦。布瓦有筒瓦屋面、合瓦屋面、仰瓦灰梗屋面和干搓瓦屋面。筒瓦屋面用板瓦做瓦底，用筒瓦做瓦盖。合瓦屋面，盖瓦也是用板瓦，底、盖瓦一反一正形成瓦垄，在北方地区称阴阳瓦，南方地区称蝴蝶瓦或小青瓦。其使用有铺灰和直接将盖瓦摆放在底瓦垄间，不放灰泥的两种做法。仰瓦灰垄是在两垄底瓦之间用灰堆出类似筒瓦的垄，而不用筒瓦，仰瓦灰垄不做复杂的正脊和垂脊，多用于较低阶层的民居。干搓瓦屋面没有盖瓦，瓦与瓦相互盘压，瓦垄间不用灰梗。干搓瓦屋面较为省料，屋面较轻，防水性好，是非常有特点的屋面瓦作。

在琉璃瓦和布瓦屋面檐口部，有使用花边瓦和滴水瓦。花边瓦宋制称华头瓪瓦，当覆瓦用板瓦时，檐部板瓦端头向上翻起呈扇形以防止雨水沿下部回流，其上饰有花纹；宋制称滴水为垂尖华头瓪瓦，是在瓦陇最下端，沿屋檐排放的一头有尖叶形（清多为如意形）下垂舌片的瓪瓦，有引导雨水的束水作用。

其他材料屋面。古建筑屋面材料的使用，依据地域、气候等条件的不同，除上述材料以外，还有使用草顶屋面、石板屋面、干土台屋面等的情况。草顶也就是茅草房，用茅草、麦秸、稻草覆盖屋面，具有久远的使用历史。石板屋面是使用薄片石铺装的屋面。干土台屋面是少雨地区，在平台屋面上用各种合土夯筑的屋面，如西藏地区使用阿嘎土很有特色。

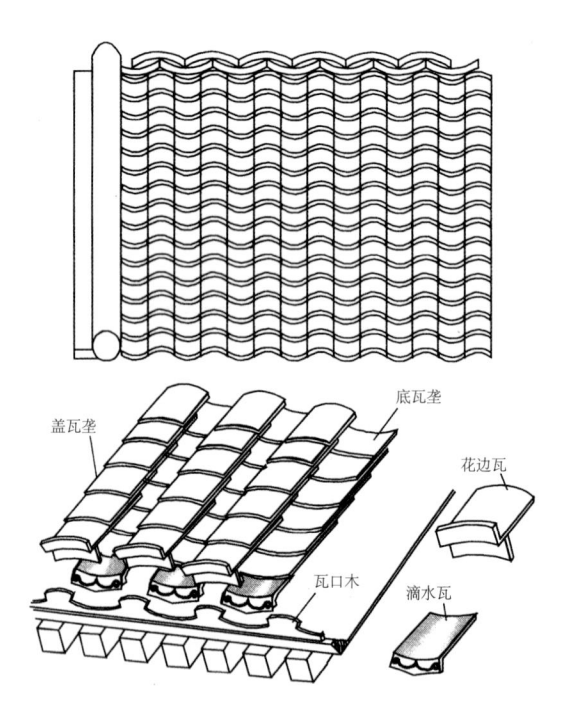

盖瓦垄　　底瓦垄　　花边瓦　　瓦口木　　滴水瓦

上：合瓦屋面
下：布瓦

屋顶结构特征

中国古建筑屋顶的特殊构造以及斜屋面形成的反曲线，不但是中国古建筑最为凸显的特征之一，也一直被中外研究者所关注，其成因和作用，各学者从不同层面提出了诸多不同的认识和判断，却也很难形成统一、恰当的结论。

林徽因先生说："历来被视为极特异神秘之屋顶曲线，并没有什么超出结构，和不自然造作之处，同时在美观实用上皆是非常的成功。这屋顶坡的全部的曲线，上部巍然高举，檐部如翼轻展，使本来极无趣，极笨拙的屋顶部，一跃而成为整个建筑物美丽的冠冕。"[5]

乐嘉藻说："考中国屋盖上之曲线，其初非有意为之也。吾人所见草屋之稍旧者，与瓦屋之年久者，其屋面之中部，常显下曲之形，是即曲线之所从来也。愈久则其曲之程度亦愈大，是可知屋盖上之曲线，其初乃原因于技术与材料上之弱点而成之病象，非以其美观而为之。其后乃将错就错，利用之以为美，而翘边与翘角，则又其自然之结果耳。"[6]乐先生认为中国古建筑屋顶曲线的形成，是在屋顶老旧失修自然下凹的基础上，将错就错做成的曲面，这种认识显然对屋顶曲线的精准木构做法认识不足。

刘致礼认为："中国屋面之所以有凹曲线，主要因为立柱多，不同的柱高彼此不能画成一直线，所以宁愿逐渐加举做成凹曲线，以免屋面有高低不平之处，久而久之，我们对凹曲线反而为美。"[7]

日本学者伊东忠太在其《中国建筑史》一书中认为，中国屋面曲线主要是仿游牧民族的帐幕形状并受主次屋合并影响等原因形成的。而李约瑟先生认为："不论我们对帐幕说的想法是怎样，在中国向上翘起的檐口显然是有其尽量容纳冬阳、减少夏日的实用上的效果的。它可以减低屋面的高度而保持上部有陡峭的坡度及檐口部分有宽阔的跨距，由此减少横向的风压。因为柱子只是简单地安置在石头的柱础上而不是一般地插入地面下，这种性质对于防止它们移动是十分重要的。向下弯曲的屋面另外一种实用上的效果就是可以将雨雪排出檐外，离开台基而至院子之中。"[8]

以上意见，从不同层面提出了中国古建筑屋面结构形态的可能成因，有些不可避免地存在着主观臆断。结构形态在漫长发展演变的历史中逐渐地固定和形成，绝非一个简单的直接原因，目前也没有确切的证据去佐证。但从古建筑的结构做法上，我们可知，曲线及其他结构特征是在很严格的技术规范下有目的地实现的，绝非无意而来或是因技术缺陷形成的现象。从汉代遗存的阙、陶屋、石祠、汉画像等实证上看，汉代房屋屋面多呈平直，有人就此推断曲线屋面应该出现在六朝之后。汉代文献的房屋描写中也清晰表达出房屋曲线的"反宇",实物中也有曲线的例证,而汉代石阙等多平直的屋面会不会是受制作工艺、材料的限制,或就是一种省略的表达形式呢?

欲究其深因,更需要对每个特征点去详加分析,而中国古建筑屋面结构形态的形成,也一定是多种原因、综合条件作用下的产物。

出檐。古建筑的墙体早为夯土墙或木隔扇,为防雨雪侵蚀,将房屋屋檐跳出,以挡风雨,这也形成了古建筑屋顶的特征做法。出檐有使用斗栱和不用斗栱两种做法,虽比例有所不同,但出檐的深远都和檐柱高低相关,除小式建筑,多在檐椽上加飞子(飞

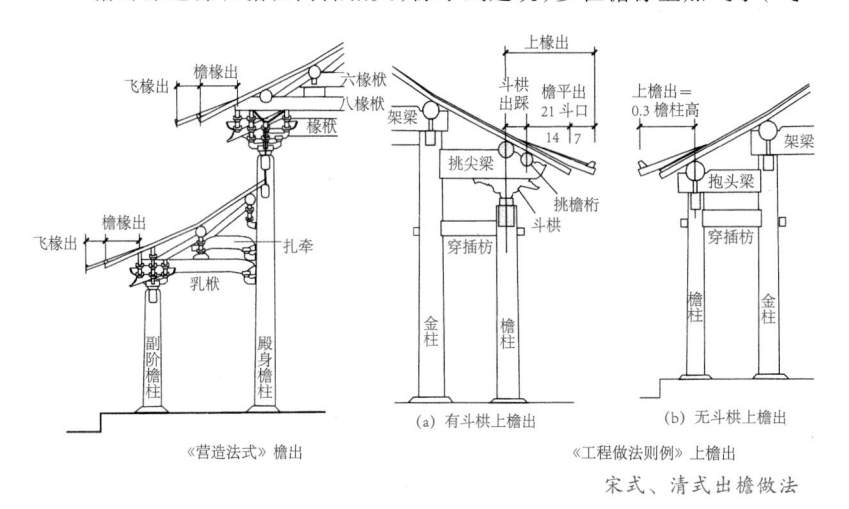

(a) 有斗栱上檐出　(b) 无斗栱上檐出

《营造法式》檐出　《工程做法则例》上檐出

宋式、清式出檐做法

椽)。飞檐上翘,后部削切成斜面置于檐椽之上,使檐口挑起,既可为雨雪的缓冲,也有利于更多光线进入室内,造型上也使屋面曲线上扬,增加轻巧感。在今日诸多地区,民间仍然有在两坡不出檐顶前加斜撑雨搭的习惯,出檐的做法是受前檐增加斜撑雨搭的影响,还是前檐增加斜撑雨搭是受出檐的影响,不得而知。但如是先为防雨雪,在前檐另设雨搭,逐步发展为与屋面一体,这样的理解较为通顺。雨搭既防雨雪也要顾及光线照入室内,上挑比斜直更有利于两者的平衡,斜撑融入屋架成为一体,逐渐演变成斗栱,至此,飞檐挑起的屋面曲线也就更好理解了。

曲线。屋顶的曲线是多向的,有檐口线两端生起形成的檐口曲线、屋脊两端挑起形成的屋脊曲线和屋面举架形成的屋面曲线。

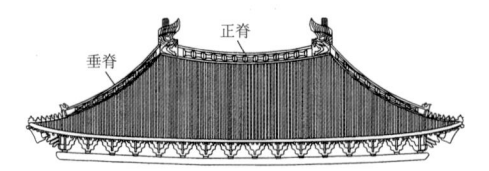

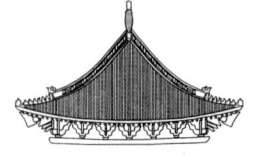

屋顶的曲线

檐口曲线的形成从结构上是因为檐柱的生起形成的,为使屋角起翘更高,在使用角梁等构件后,檐檩下还会使用生头木。唐代以前的檐口是平直还是曲线,由于木建筑没有遗存,很难判定。从壁画、石建筑和明器上看，建筑多以檐口平直的形象出现，但也有部分建筑形象出现了檐口曲线。唐代木构建筑有檐口平直亦有檐口曲线，而一直以来我们从敦煌壁画等材料上多得到建筑是檐口平直的信息，这个信息也形成了对唐及以前建筑檐口的固定认识，而屋顶是建筑中最易日久损坏的部分，经历过多次维修，又多少因对前朝建筑檐口平直这种固定模式的认识，按照修旧如旧，把檐口修成平直的[9]，这很难有确切的答案。

屋脊曲线在汉代已有体现，汉代石建筑及明器中所反映的建筑形象，屋架上端平直，但正脊已有生起。唐、宋、元木建筑遗存可见在脊榑两端使用生头木，正脊起翘明显。明清建筑正脊平直，但南部一些地区明清建筑仍然可见屋脊曲线。

屋面曲线有纵向曲线和横向曲线。从结构上来说，横向是因檐柱生起、翼角形成的，在纵向上主要是由举折（清制称为举架）和飞椽形成的。举折就是调整梁架的榑（檩）子的高度，使整个屋面呈微凹曲线。宋代的举折除在屋面曲线上陡下缓、出檐大、近檐口处坡度很小、造型轻逸，与清代举架屋面陡而曲线较缓、出檐浅、造型端庄有所差别外，在具体做法上也有不同。《营造法式》举折之法为："折屋之法以举高尺寸，每尺折一寸，每架自上递减半为法。如举高两丈，即先从脊榑背上取平，下至橑檐枋背，其上第一缝折两尺，又从上第一缝榑背取平，下至橑檐枋背，于第二缝折一尺。若数多即逐缝取平，皆下至橑檐枋背，每缝并减上缝之半。"这种方法是先定脊高为前后橑檐枋间距的1/3，出脊榑和橑檐枋上部连斜直线，自上而下，上平榑为线下1/10的脊高，再把上平榑和橑檐枋上部连斜直线，再一榑为线下1/20脊高（每榑减半），以此类推。宋举折是每榑自上而下递减，递减的高度为不同斜线与榑上部的距离，类似作图法。

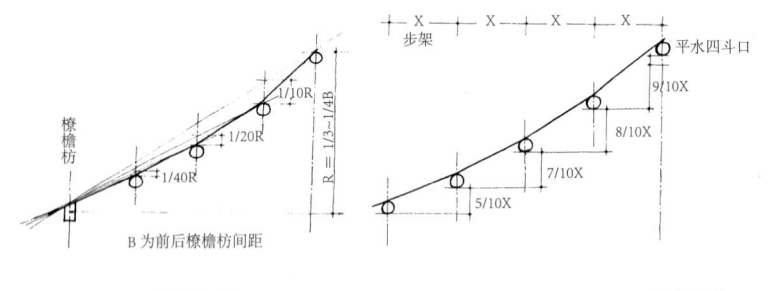

宋式举折与清式举架

而清式举架是数据法，采取自下而上逐步加高的方法，以两檩间的水平距离为准，也就是步架为准，举架的高低以房屋的大小和檩数多少而定，脊桁为九举，即步架总长的9/10。《工程做法则例》规定："如檐部五举（即如步架水平长为一尺，即举高五寸之类），飞檐三五举，如五檩脊步七举；如七檩金步七举，脊部九举；如九檩下金六五举，上金七五举，脊部九举；如十一檩下金六举，中金六五举，上金七五举，脊部九举，或看形式酌定。"

翼角。是先为翼角后产生的檐部曲线和檐柱生起，还是先为檐部曲线和檐柱生起才有的翼角，这无法得到确切的答案，但无论如何，翼角和檐部曲线、檐柱生起是相伴产生的。屋檐相交处，45度斜出的角梁（老角梁和子角梁）比椽子要大，也比椽子要高，为了使椽子和角梁背水平，靠近角梁的椽子就要逐步增加斜度以此提升，椽头也就逐步上翘直至与角梁平行。这种翼角的起翘形成轻盈的形态，作为中国古建筑的形象特征，被诸多文学作品所描绘。《诗经》中有云："如跂斯翼，如矢斯棘，如鸟斯革，如翚斯飞，君子攸跻。"中国南方房屋翼角要比北方房屋更为翘起，南秀北雄，这与南北方人的性格、气质很相似。南方房屋翼角起翘有两种做法，一种为水戗发戗，屋角木架构不起翘，利用戗脊翘起，翘脚向上成卷叶状的半月形；另一种嫩戗发戗，和北方翼角起翘类似，在做法上略有不同，其子角梁不是附在老角梁之上部，而是在老角梁端部。

翼角

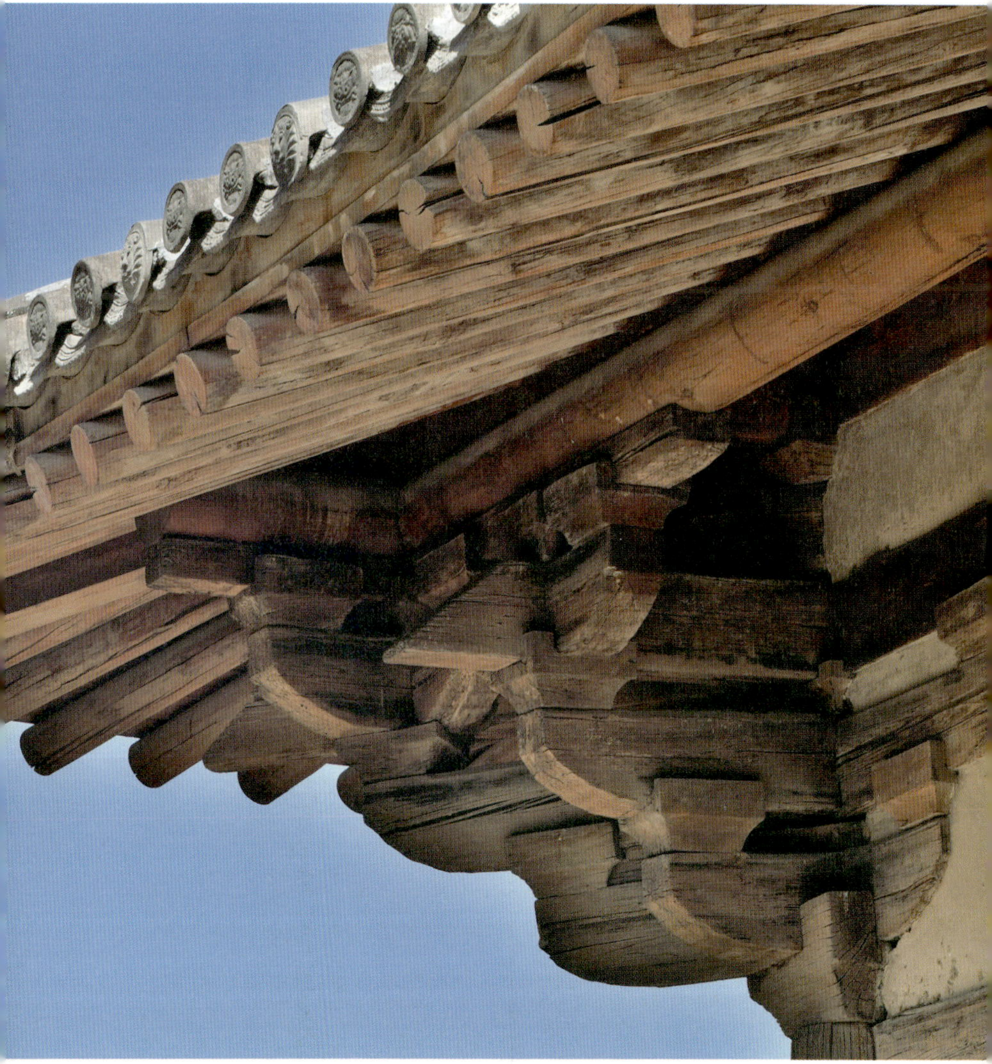

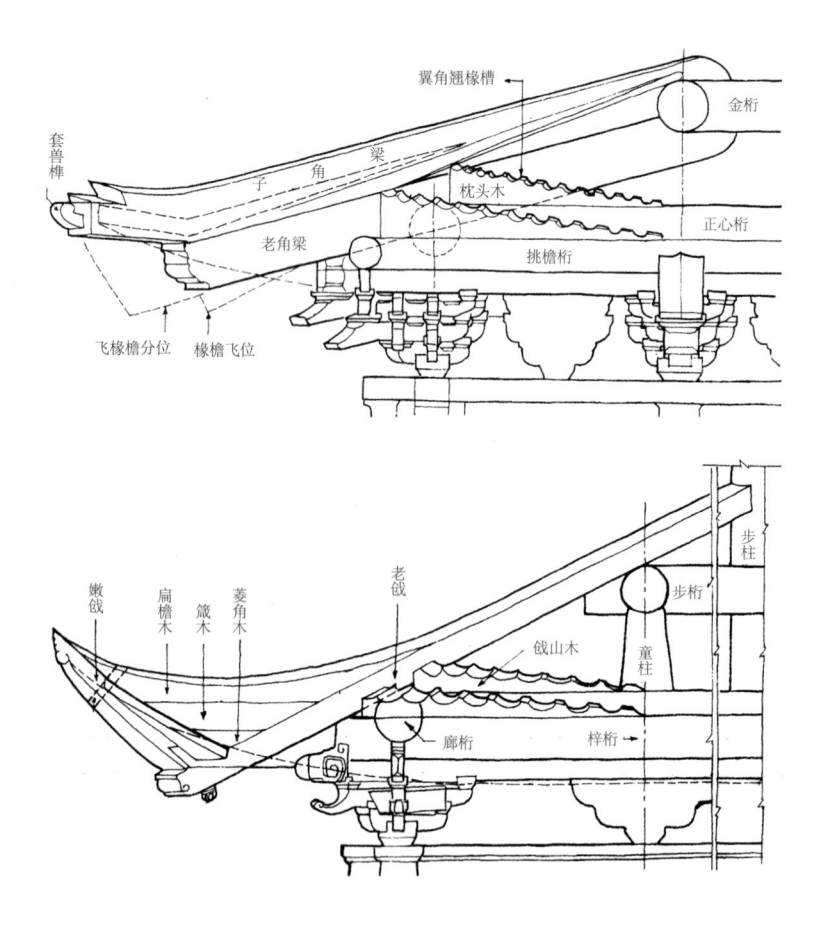

上：清式翼角
下：江南翼角嫩戗发戗

屋脊

中国古建筑是坡屋顶屋面，屋面相交合缝处雨水易渗漏，屋面坡与坡的相交、屋面与山墙的相交都存在这一情况，为防止雨水渗漏，在这些地方做结构处理，同时从美观的角度做形式处理，这就形成了中国古建筑的屋脊。屋脊根据使用位置可分为正脊、垂脊、戗脊、围脊和博脊等。

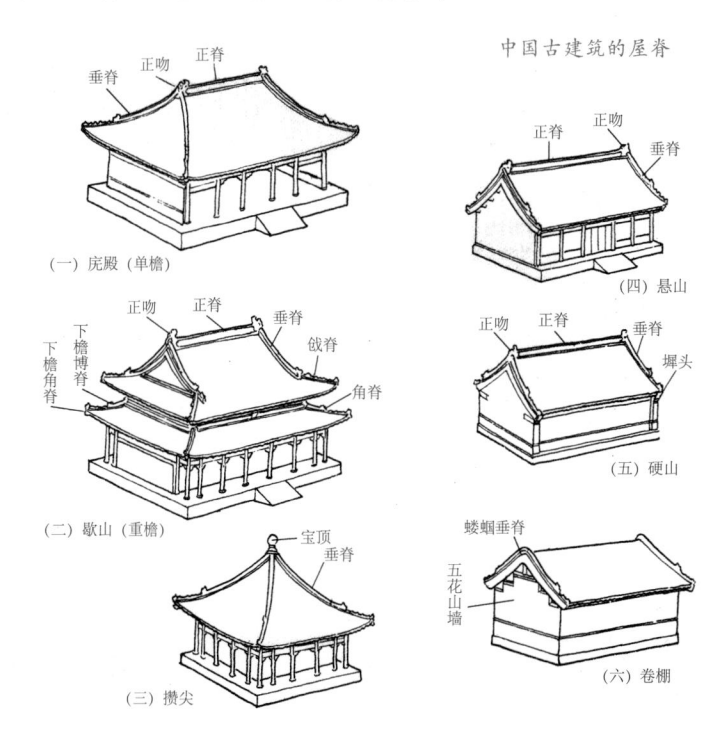

中国古建筑的屋脊

(一) 庑殿（单檐）

(二) 歇山（重檐）

(三) 攒尖

(四) 悬山

(五) 硬山

(六) 卷棚

正脊装饰

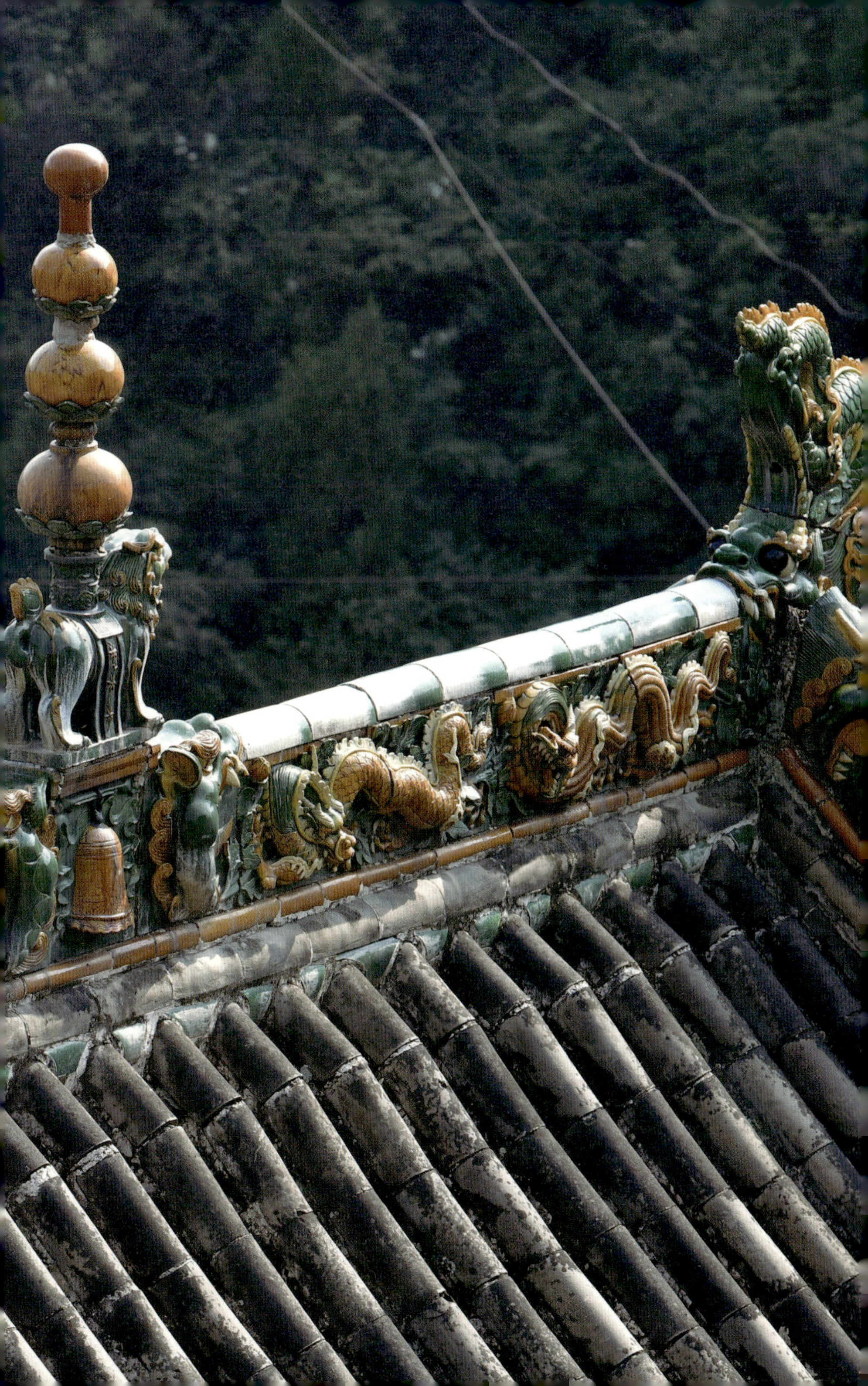

正脊与鸱吻

正脊装饰

正脊。正脊由长条脊身和脊两端构件组成，位于脊檩之上房屋屋面顶部交缝处，是房屋正立面最高处的边界。一般庑殿顶屋面为尖顶式正脊，硬山、悬山、歇山等屋面有尖顶式和卷棚式两种正脊。正脊的脊身垒脊使用的材料，宋制为屋面使用的瓦材，有外涂以灰浆，有将正脊砌成空花，以利过风，后期逐步出现专门的窑制定型脊身构件。正脊中央上方用朱雀、玄武等形象做装饰（寺庙、道观用宝顶、火珠，火珠有两个火焰，在其两边作磐龙或兽面，呈双龙夹珠），也有在侧面饰以纹样。

宋制《营造法式》记述正脊两端头的做法，一般采用鸱吻做装饰。《谭宾录》中记："东海有鱼虬，尾似鸱，鼓浪即降雨，遂设象于屋。"此记述是说东海有龙形鱼，其尾巴和鸥相似，当它鼓浪时就会下雨，把它装于房屋的屋脊，作为降雨防火、灭火的祥瑞。鸱吻早期为鸱尾，最早见于汉代建筑明器，在东魏北齐时代九原岗壁画中有明确的鸱尾形象。河北邺城遗址出土的鸱尾疑为最早保存完整的实物，隋唐石窟和陵墓中鸱尾形象也多见。唐中后期及辽代鸱尾下部出现张口的兽头，尾部逐渐向鱼尾过渡。宋代分为鸱尾、龙尾、兽头等几种形式；元代鸱尾逐渐向外弯曲，有的已改成鸱吻；明清两代正吻尾部已完全外弯，端部由分叉变为弯曲，兽身雕饰复杂，多附小龙，比例接近方形，背上有剑把，名称改为兽吻或大吻[10]。

鸱吻

鸱吻

鸱吻一般用于较高规格的房屋，等级较低的房屋不用或者使用望兽，是否用鸱吻，也是殿堂建筑和非殿堂建筑的区别。明清建筑在江南地区使用"铺瓦筑脊"，大式建筑用琉璃瓦，小式建筑用布瓦。江南地区民间建筑有的只设正脊不使用垂脊。正脊的形式有游脊、甘蔗脊、纹头脊、哺鸡脊、雌毛脊、哺龙脊、皮条脊、扁担脊等，哺鸡脊、哺龙脊的鸡和龙头向外，翘起的尾巴用铁片弯曲外加粉刷做成。

垂脊。垂脊在两边山墙的檐头（庑殿为屋面相交缝），垂直于正脊（在庑殿顶和攒尖顶为垂下的脊），在硬山、悬山、歇山、庑殿、攒尖顶上均有使用。垂脊分为垂兽前和垂兽后两大段，兽后垂脊在骨架构架上，兽前段在翼角的子角梁上，为防止子角梁外露受雨水侵蚀，一般在子角梁上使用套兽。宋制《营造法式》规定，官式建筑的垂脊部分使用垂兽，戗脊端使用嫔伽（佛教中叫声美妙的鸟，其形象为鸟身仙女，后有天神和武士；清

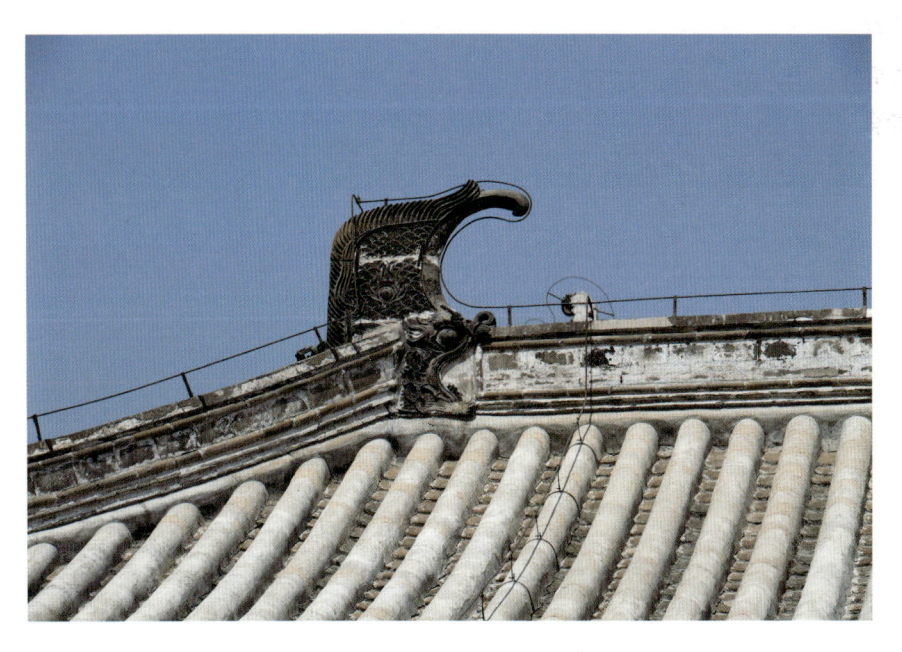

鸱吻

代为仙人），其后为蹲兽（清制为走兽）2~9个，不厦两头的厅堂建筑只用嫔伽或蹲兽1个。清制的仙人走兽，走兽一般为9个，北京故宫太和殿是10个，在仙人骑凤后，依次为：行龙、飞凤、行狮、天马、海马、狻猊、狎鱼、獬豸、斗牛、行什。走兽使用多少，取决于屋面坡身长短和檐柱的高低，一般柱高二尺可用1个，且成单数出现。

  其他屋脊。戗脊是歇山建筑四角自垂脊斜出的45度脊和重檐建筑披檐45度脊，这也是区别庑殿顶垂脊的重要区别。戗脊也是以兽前、兽后分为两段，戗脊在汉代已有出现。博脊是歇山屋顶山花部位与博风板相连接的屋脊形式，平行于山面屋坡，宋制称区脊。排山脊是小式建筑歇山、硬山和悬山垂脊的统称，排山也是顺山的意思，是指沿山尖位置下垂，与庑殿的垂脊斜向方向不同；排山脊的勾头与滴水，也称为"排山勾滴"。此外，古建筑因形制和年代及各地域的区别，包括屋顶结构的复杂性，形成不同屋脊及较为复杂的称谓，但主体不外正脊、垂脊、戗脊、博脊等几类。

·屋顶· 351

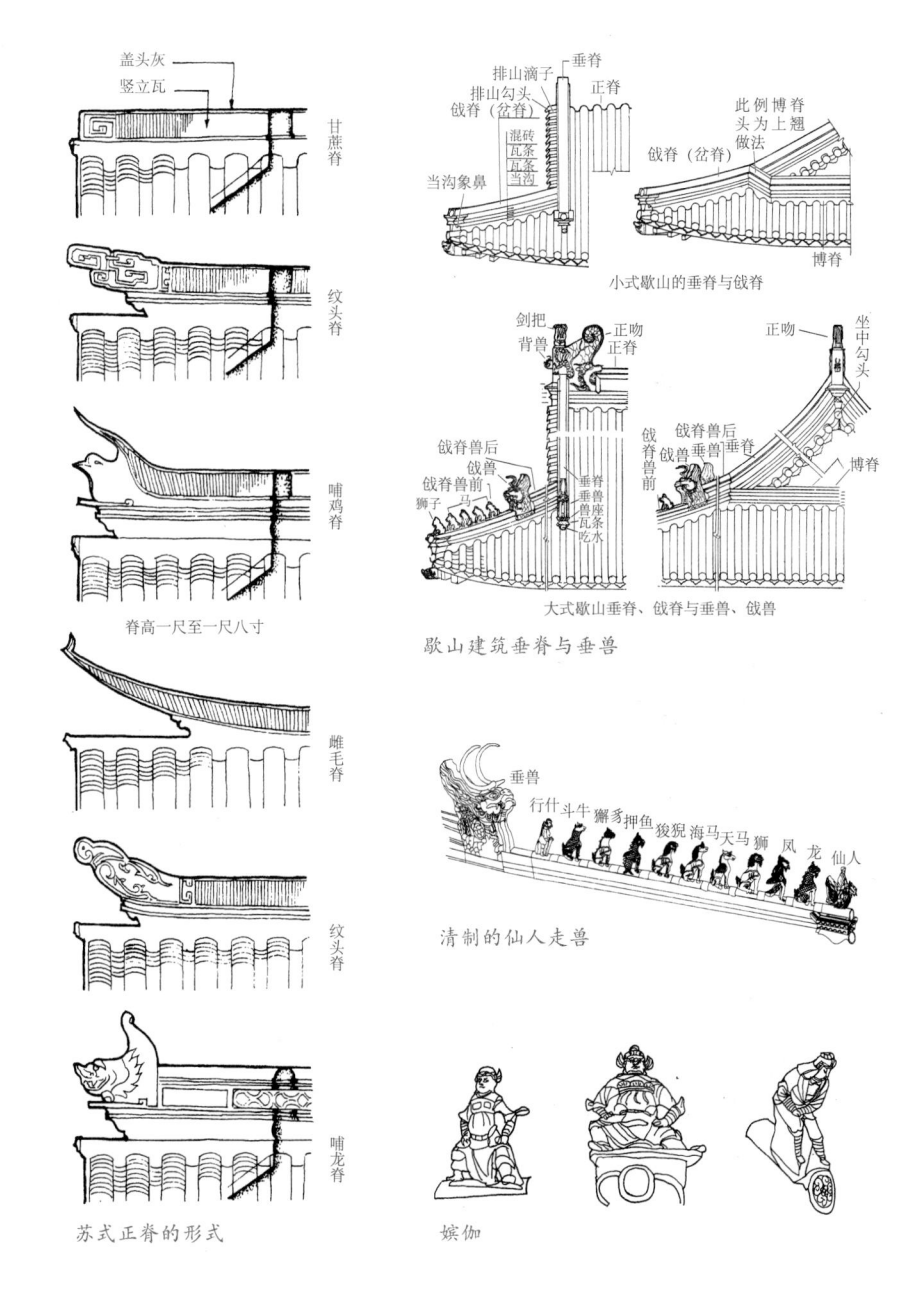

甘蔗脊

纹头脊

哺鸡脊

脊高一尺至一尺八寸

雌毛脊

纹头脊

哺龙脊

苏式正脊的形式

盖头灰
竖立瓦

排山滴子　垂脊
排山勾头　正脊
戗脊（岔脊）
混砖瓦条瓦条当沟
当沟象鼻

此例博脊头为上翘做法

戗脊（岔脊）

博脊

小式歇山的垂脊与戗脊

剑把　正吻
背兽
正脊

正吻
坐中勾头

戗脊兽后
戗兽
戗脊兽前
狮子

垂兽
垂兽座瓦条吃水

戗脊兽后
垂兽
戗脊兽前

博脊

大式歇山垂脊、戗脊与垂兽、戗兽

歇山建筑垂脊与垂兽

垂兽
行什 斗牛 獬豸 押鱼 狻猊 海马 天马 狮 凤 龙 仙人

清制的仙人走兽

嫔伽

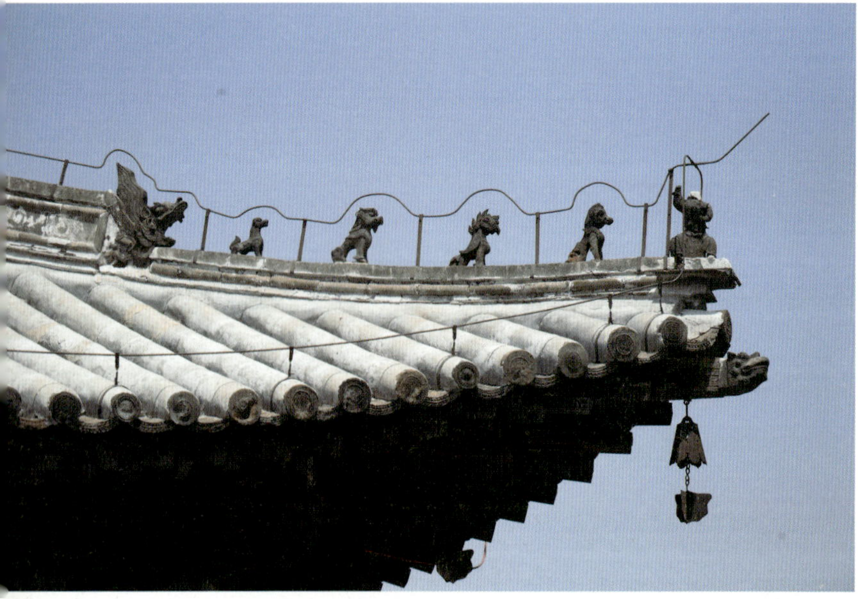

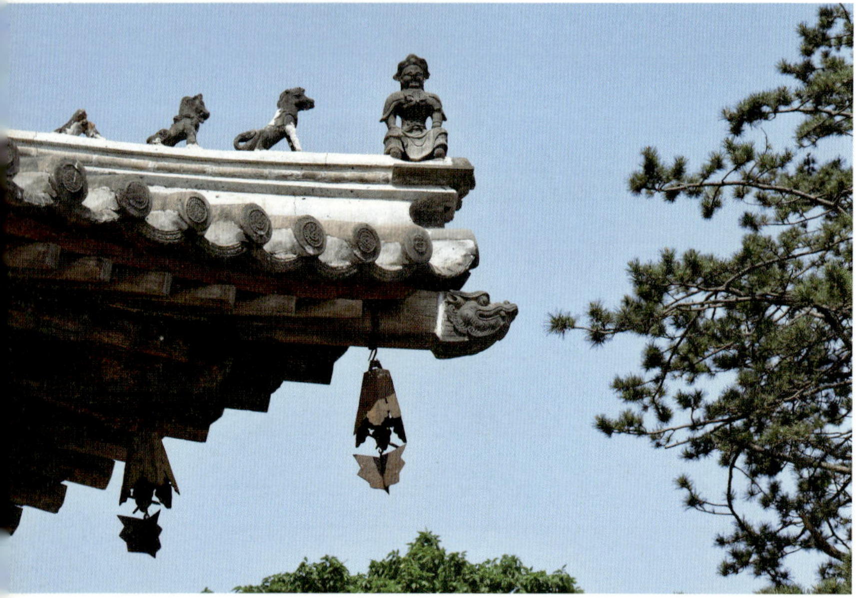

·屋顶· 353

左上：垂兽及套兽
左下、右下：嫔伽及套兽

垂兽

·屋顶· 355

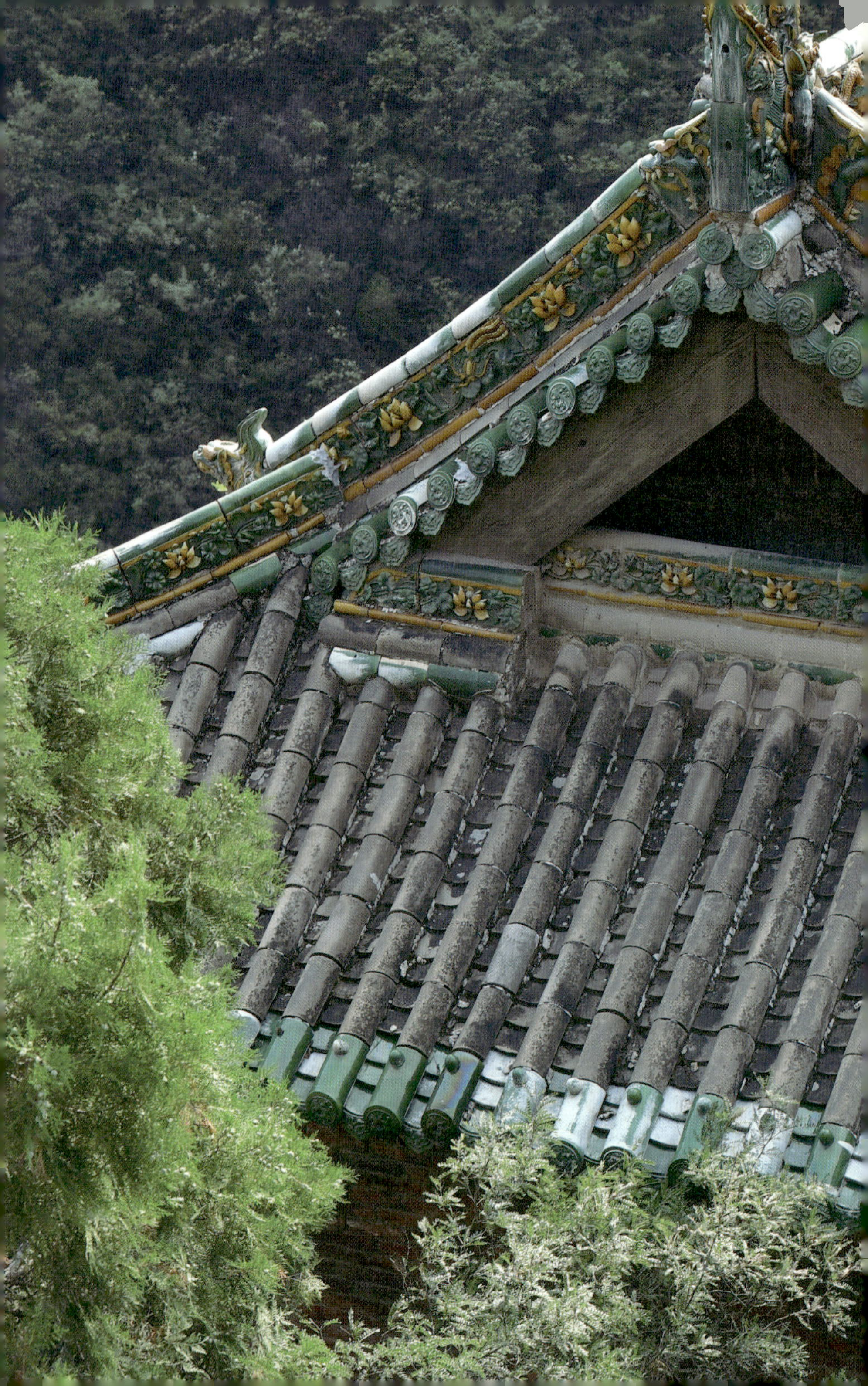

垂脊

戗脊

博脊

垂兽

1. 刘致平，中国建筑类型及结构．北京：中国建筑工业出版社，1987：69
2. 潘谷西，中国建筑史．北京：中国建筑工业出版社，2015：284
3. 潘谷西，中国建筑史．北京：中国建筑工业出版社，2015：287
4. 星星瓦是带有钉头固定装置的瓦，在瓦垄上隔适当距离使用，以固定整个瓦垄。
5. 梁从诫，林徽因文集·建筑卷．北京：百花文艺出版社，1999：8
6. 乐嘉藻，中国建筑史．北京：中国文史出版社，2016：17
7. 刘致平，中国建筑类型及结构．北京：中国建筑工业出版社，1987：18
8. 【英】李约瑟，中国科学技术史（第四卷第三分册 土木工程及航海技术）．北京：科学技术出版社，2008：96
9. 山西五台南禅寺大殿，建于唐建中三年(782)，二十世纪五十年代发现时清代已翻修过屋顶；七十年代维修时，遵循那时恢复历史原貌的思想重置了屋顶，仿照敦煌壁画中建筑的形式，檐角尽量平直。
10. 潘谷西，中国建筑史．北京：中国建筑工业出版社，2015：288

第七章 小木作装修

中国木构古建筑在完成台基、梁架、墙壁与屋顶的围护结构以后，还有一些小的木结构需要进一步完善，称为装修，宋制也叫小木作（相对于立柱和梁架的大木作而言）。

装修分为相对在外的栏杆、门窗等外檐装修和室内的天花、藻井以及隔断等内檐装修。

门

门为具有启闭功能的通道，运用于房屋、城墙、路口、街头、院落等出入口处，是各层次相邻空间的节点。东汉刘熙所著《释名》中记："门，扪也，为扪幕障卫；户，护也，所以谨护闭塞也。"南朝顾野王撰写的字书《玉篇》中说："在堂房曰户，在区域曰门。"在中国古建筑中，门有两种含义，一为相邻空间通道或节点的启闭口，如房屋的门、院落的门、城门等；另一种为门的自身，指门扇，也就是顾野王所说的"户"。《淮南子·说林训》记有："十牖之开，不若一户之明。"十扇窗户都打开也不如打开一扇门光亮，早期户牖指的就是门窗。

在中国古建筑中门具有重要的地位，如前章所述，中国古建筑正立面多采用隔扇或隔扇、槛窗组成前檐围护结构，这种围护既考虑了房屋的通风采光功能，又充分体现了中国建筑院落内外转换的视觉要求，隔扇门成了院落的内壁，这也是中国古建筑的特征之一。

·小木作装修· 363

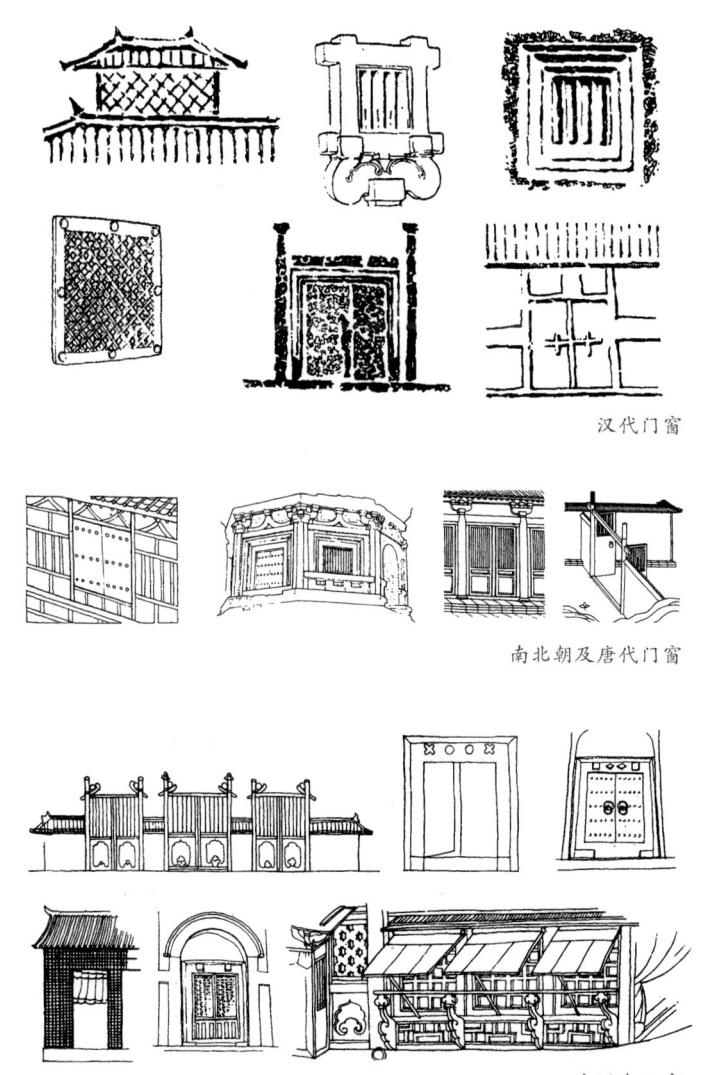

汉代门窗

南北朝及唐代门窗

宋辽金门窗

门在中国古建筑中承担了重要的礼制作用,院落的大门更是彰显门第的标志。门成为身份、财富、地位的重要表征,有朱门、豪门、侯门、寒门、柴门等,一门就能分君臣、明尊贵、别贵贱。《周礼》中对天子宫室的门制是这样规定的:"王有五门,外曰皋门,二曰雉门,三曰库门,四曰应门,五曰路门。"意思是说皇宫可以建造五重宫门,而诸侯只能建造库门、雉门、路门三重大门。这就是被历代帝王沿用数千年的"五门之制"。明清的帝王宫殿紫禁城,从皇城大门到太和殿之前设有五重大门:大清门(皋门)、天安门(雉门)、端门(库门)、午门(应门)、太和门(路门)。汉代里坊制规定房屋的门第,《魏王奏事》曰:"出不由里,门面大道者曰第。列侯食邑不满万户,不得称第。其舍在里中,皆不称第。"列候公卿食邑万户者的居所称为"第",可以在大道上开门,不走里门;不满万户者的居所称为"舍",需经里门通行。唐代的里坊制也有规定,《唐会要》卷八十六记载,太和五年七月巡使上奏文说:"非三品以上,及坊内三绝,不合辄向街开门各逐便宜,无所构限,因循既久,约勒甚难。或鼓未动,即先开;或夜已深,犹未闻。致使街司巡检,人力难周,亦令奸盗之徒,易为逃匿。……如非三绝者,请勒坊内开门,向街门户,悉令闭塞。"非三品以上高官及特殊资格的人,不得在坊墙上临街开门。白居易《伤宅》问:"谁家起第宅,朱门大道边?"诗中又自答:"主人此中坐,十载为大官。"大门漆朱已临通衢大道，这就是门的特权体现。

明清对门的规定更为严格与细致，甚至对门的装饰油漆、门钉、门环都有明确的限制。《明史》中记载了类似的制度："公主府第正门五间七架，大门绿油铜环，石础，墙砖镌凿玲珑花样。公侯府门三间五架，用金漆及兽面锡环。一二品三间五架，绿油兽面锡环。三至五品三间三架，黑油锡环。六品至九品门一间三架，黑门铁环。"清代对门钉、门簪的使用都有详细的规定，《大清会典》载："宫殿门庑皆崇基，上覆黄琉璃，门设金钉"，"坛庙圆丘外内垣门四，皆朱扉金钉，纵横各九"。对亲王、郡王、公侯等府第使用门钉的数量有明确规定："亲王府制，正门五间，门钉纵九横七"，"世子府制，正门五间，门钉减亲王七之二（减掉七分之二）"，"郡王、贝勒、贝子、镇国公、辅国公与世子府同"，"公门钉纵横皆七，侯以下递减至五五，均以铁"。宫门饰九九八十一颗钉，王府的门钉是七九六十三个，公侯七七四十九个，官员五五二十五个。老百姓家没有门钉，所以民间把平民百姓称为"白丁儿"。唐宋称不施漆、呈原木色，民间百姓的门为"白板扉"。唐代王维《田家》诗："雀乳青苔井，鸡鸣白板扉。"南宋戴复古《夜宿田家》诗："夜扣田家白板扉。"《金瓶梅》第七十二回，"李瓶儿何家托梦"，西门庆"从造釜巷所过，中间果见双扇白板门"。用来锁合中槛和连楹的门簪大户用四只，小户只能用三只，皇家、王府的门簪可达十二只。可以看出只要和门相关的构件，都是礼制等级的表达。

中国古建筑的门同样有着重要的风水作用。门被视为风水中宅地的气口，在开口位置和与环境的匹配、形制上民间都有很多禁忌。宅门一般开于院落的东南位，坐北朝南的主房院落在风水上有离、巽、震三个吉位，也就是南、东南、东三个方位。其中东南方向为青龙门，方位为最佳，也有比较大的宅院，有多重院落，内宅在后；吉向开在离位（南），大门不能对着路或尖的屋角等，以防煞气。此外大门口不能开池塘，不能当门栽植大树等，这些风水禁忌有些和环境科学有一定联系。

门按照区域节点的含义可分为房门、宅门、院门、园门、坊门、城门、寺门等。明清时期北方四合院宅门有屋宇式大门、广亮大门、金柱大门、蛮子门、如意门、垂花门等。按照门自身的形制有板门、隔扇门、实榻大门、棋盘门等，宋制有版门、软门格扇门、乌头门等。

衡门、乌头门。衡门应为早期院落的门。《诗经·陈风》记述："衡门之下，可以栖迟。""衡"通"横"，为人口两侧的立柱柱头之上，置一或两根通长横木，这也是最为简单和原始的大门。在历代中国绘画中时常出现此门的形象，现在一些偏僻的乡间还能见到类似的门。衡门后经发展成为隋唐贵族住宅的乌头门。《唐六典》记载："六品以上，仍通用乌头大门。"

在初唐壁画中可以看到乌头门的形制，如敦煌石窟九十八窟壁画中见到的乌头门。乌头门为两圆柱上置横木，横木两端出头翘起，立柱柱头上套黑色陶制柱筒。《册府元龟》记述："柱端安瓦桶，墨染，号为乌头染。"这也是乌头门名称的由来。乌头门门扉上部装有直棂窗，位于门左边的柱

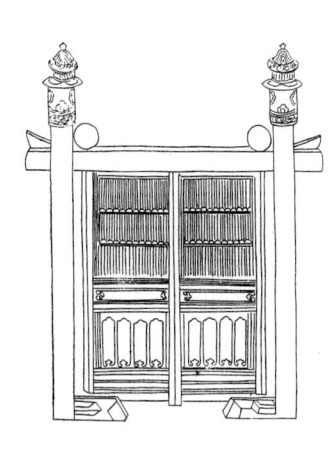

《营造法式》中的乌头门

子曰阀，喻义建有功劳；右边的称阅，象征经历久远，即世代官居高位。如门道较宽，可增设两柱，《营造法式》记载有乌头门的做法。乌头门后发展为文庙中轴线上的牌楼式木质或石质棂星门。

板门。板门（宋制版门）的使用也较早，周代青铜器与汉代画像石上均有出现，现存实物如五台山佛光寺大殿殿门。板门广泛用于城门、宫殿、衙署、庙宇、住宅等大门。板门又分为棋盘板门和镜面板门。棋盘门是用大边、抹头等构件做成框架，而后再装门板（肘板），在其上下抹头之间用数根穿带（也称捎带、楅）横向连接门扇，形似棋盘，因此称为棋盘门，有的用铁钉将门楅和门板紧连，门面铁钉头装饰有吉祥图案。门面做光滑处理不做任何装饰线的，因光滑如镜面，称为镜面

板门。另外，还有一种门扇由厚木板条组成，后面用门楅穿连，门楅一端插入附门轴的大边内，上下不用抹头，称为实榻门。《营造法式》另记载有一种软门，是在板门的基础上发展而来，一改板门形式的笨重，使用木框镶嵌薄板，宋制有牙头护缝软门、合版软门等。软门的形制轻巧，可以变化出多种多样的形式，隔扇门的形式就是在软门的基础上发展出来的。

隔扇门。宋代也称"格扇门"，因多为框格，较为轻巧，常用于单体建筑内门或外门。隔扇门安装在槛框内，每间可置

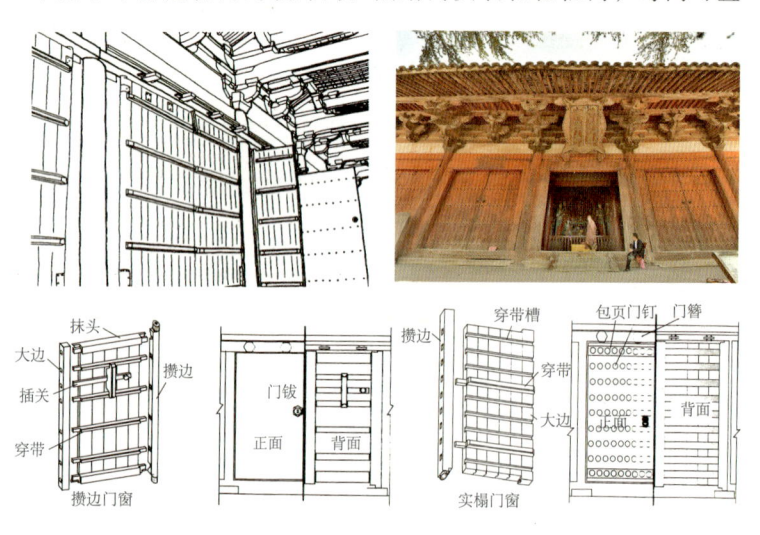

左上、右上：五台山佛光寺大殿板门
左下：棋盘攒边门
右下：实榻门

上：实榻门
中：实榻门内外观
下：元代民居实榻门

四、六、八扇，每扇宽高比在 1∶3 至 1∶4 左右。每一隔扇大致可分为上下两个部分，上部分为槅心（清制称心屉、花心），下部分为腰华板（清制称绦环板）、障水板（清制称裙板），上段和下段高度按照四六开，也称"四六分隔扇"。其构造有门桯（清制称边挺或边框），上、中、下抹头（宋制称中部抹头为腰串），另有槅心、腰华板、障水板。早期抹头使用较少，唐代见有三抹头，宋金一般为四抹头，明清五抹头、六抹头均为常见，有的在合角处施以铜角叶，起加固和装饰的作用。

　　隔扇门的槅心、腰华板、障水板是装饰的重点，常施以雕刻。腰华板、障水板在唐代多为素平，宋代以后多用花卉、人物等

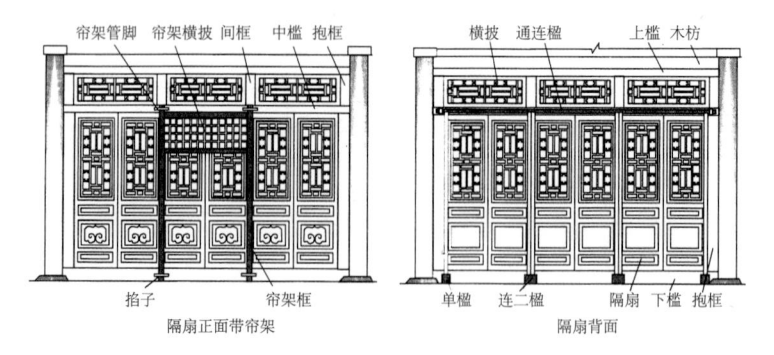

隔扇门

上：隔扇门
中：隔扇门及槛窗
下：单扇隔扇的构造

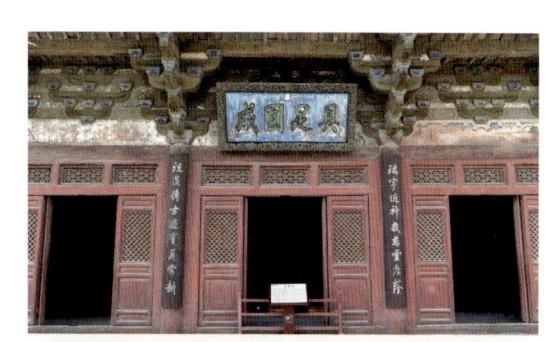

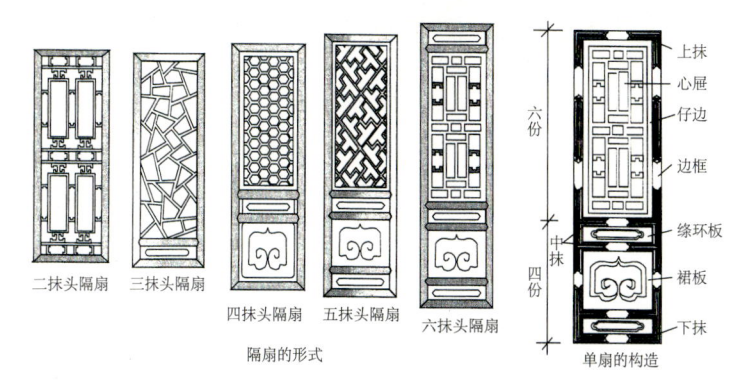

二抹头隔扇　三抹头隔扇　四抹头隔扇　五抹头隔扇　六抹头隔扇

隔扇的形式

上抹
心屉
仔边
边框
绦环板
裙板
下抹

六份　中抹　四份

单扇的构造

雕刻题材装饰。唐代槅心多用直棂或方格，宋代以后图案样式渐多，至明清更为丰富。

宋代官式建筑多用球纹、柳条纹，明清常用的图案形式有万字纹、灯笼锦、龟背纹、步步锦、拐子锦、冰裂纹、盘常纹、菱花锦等。较为高级的官式建筑使用菱花锦，菱花锦有三交六椀菱花和双交四椀菱花等。隔扇门在槅心图案框间用糊纸、薄纱或磨平的贝壳，既透光又阻风尘、挡虫，保护隐私。

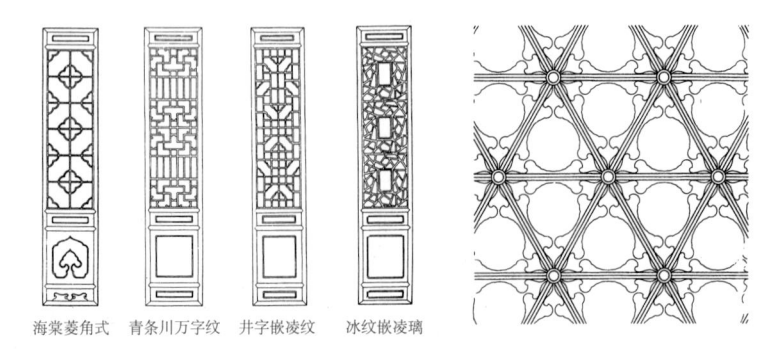

海棠菱角式　青条川万字纹　井字嵌凌纹　冰纹嵌凌璃

左：常用的隔扇门
右：三交六椀菱花

双交四椀菱花

　　隔扇门在后期发展中，对其他小木作构件也产生了深刻影响，如屏风等就是由隔扇门演化而来的。另有一种不落地的隔扇形制，也就是槛窗。槛窗实质上就是下设槛墙、没有障水板的隔扇门，在外形上和隔扇门非常一致。为了使房屋前檐围护的隔扇门和槛窗统一，在槛墙部位也有做成和隔扇门的障水板类似的形制。

窗

窗于建筑不但有通风、采光及观景的作用，自身也是建筑形式美观的要素之一，其尺度与形式自然倍受关注。中国文学中对窗的描述更是多不胜数，"窗含西岭千秋雪，门泊东吴万里船"，"天静秋山好，窗开晓翠通"，"何当共剪西窗烛，却话巴山夜雨时"，"复道交窗作合欢，双阙连甍垂凤翼"，"交疏结绮窗，阿阁三重阶"……

《说文》曰："在屋曰囱，在墙曰牖。"早在原始社会就有通风排烟采光之窗，屋顶上部的为"囱"（疑原始社会穴居屋顶和墙身是一体，其后逐渐分化），墙上为"牖"，"牖"是随屋顶和屋身的逐渐分化确立，经"囱"转化而来的。《淮南子·说林训》中有"十牖之开，不若一户之明"，所以有理由相信"牖"开口尺寸应该很小。实质上，至今一些地区的民居建筑在山墙上仍然使用这种通风窗，且演变为多种造型，和今天我们熟知的窗的概念有一定的差别。

窗在唐宋以前多为不能开启的固定窗，其图案形式也是以直棂居多，宋代以后开窗渐多，隔扇窗逐渐取代直棂窗，成为最多见的窗的形式。明清时期多采用变化较多的复杂组合图案，简洁的直棂和格子窗退出主流选择。此时也有粗简的直条窗，但这和唐宋的直棂窗是有所区别的，主要是省工省料的结果。

直棂窗。直棂窗应为出现最早的窗式，西周青铜器上出现过十字棂格窗，在汉明器及画像中有直棂、卧棂、斜方格、锁纹等窗形，这些都是以直棂为主体的演化的窗。直棂的截面有正方形和三角形，三角形直棂窗就是《营造法式》中的破子棂窗。破子棂窗是直棂棱角朝外垂直施于矩形窗框内，棂条棱角向外有利于光线的纳入，背端平面有利于置糊窗纸、窗纱，棂条间距约一寸左右，棂条用数多为奇数。另一种正方形截面的直棂窗叫板棂窗，板棂窗是直棂窗的早期形式，破子棂窗是在板棂窗的基础上发展起来的。直棂窗棂条如过长，中间加承棂串，承棂串早期用卯眼，棂条穿卯眼连接，后期在承棂串和棂条上各做一半咬口拼接。清代有在棂条上中下部各置三条承

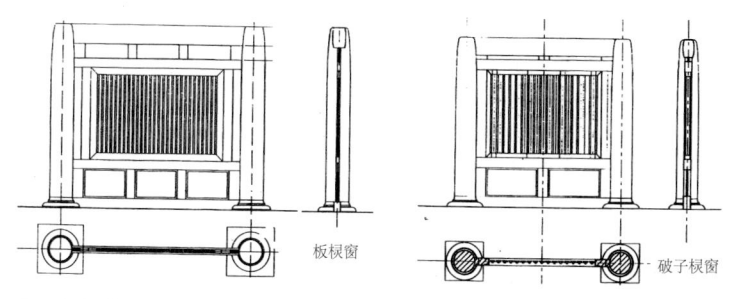

左：板棂窗
右：破子棂窗

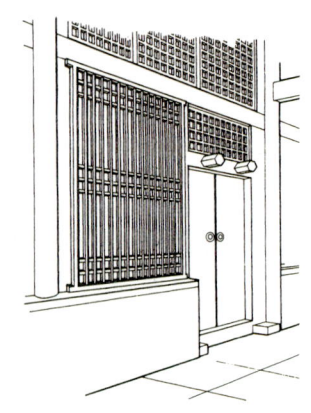

左：破子棂窗
右：直棂窗"一码三箭"

棂串，称为"一码三箭"。直棂窗还有将棂条做成曲线状的，《营造法式》记载有"睒电窗""水纹窗"，"窗高二至三尺，广约为间面阔之 2/3，多用于殿堂后壁之上，或山壁高处"。睒电窗的棂子像水波一样弯曲，或者说像闪电一样，所以称睒电窗。

槛窗。槛窗最迟在唐末就有使用，因安装在门两侧的槛墙之上，故称槛窗。槛窗是由隔扇门演化而来，也称隔扇窗，在做法形制上与隔扇门的上部完全相同，两者的区别就是槛窗没有隔扇门下部的障水板和下抹头。槛窗安装在槛墙之上，槛墙在北方地区使用较厚的土坯墙、砖墙，在南方使用木板墙或石墙，为了和隔扇门保持一致，有在槛墙之上做出障水板样式的情形。槛窗纹样和隔扇门槅心使用的纹样相同，宋制中多用柳条纹和格子纹，明清纹样非常丰富，在官式建筑中喜用三交六椀菱花和双交四椀菱花，三交六椀菱花用于最高等级建筑中。槛窗不但用于官式建筑，在民居及园林建筑中也大量使用。《营造法式》中另有一种"阑槛钩窗"，意为带有靠背栏杆的窗，主要用于楼台亭阁之上。阑槛即栏杆，也称为"附窗钩栏"，有栏杆的窗即为"钩窗"，窗外栏杆可临窗而倚。钩窗采用四

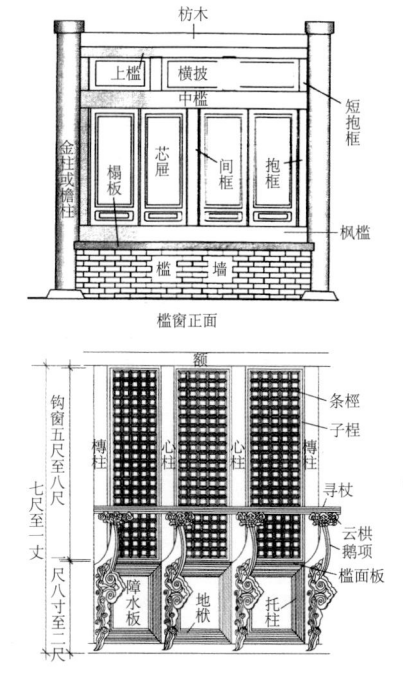

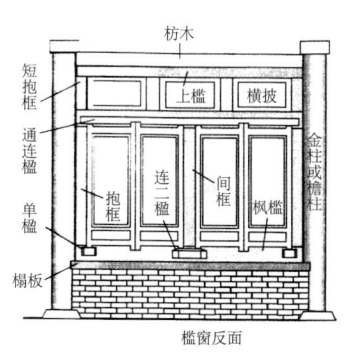

上：槛窗
下：《营造法式》中的阑槛钩窗

直方眼格,每间三扇,窗外装云栱鹅项形钩栏,内用托柱作支撑,每窗四根。

支摘窗。支摘窗是可支可摘的窗,由上下两扇组成,上扇可以推出支起(也有较少向内支起),下扇可摘。上扇下扇根据需要组合使用,单支上部窗,比整窗轻快方便,亦可通风遮雨,还使室内空间也具有一定私密性,夏季炎热,同时摘去下扇,使通风更加良好。支摘窗上下两端比例相当,正扇高宽比为 2:1 或 3:1。支摘窗早见于汉代明器,清代支摘窗也

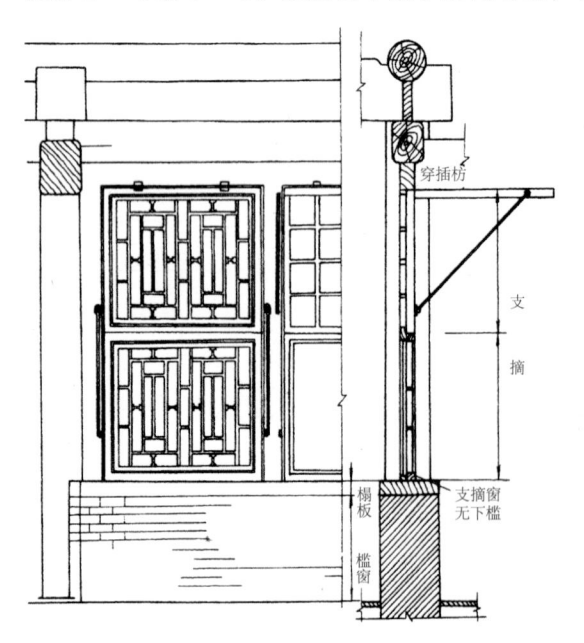

支摘窗

支摘窗

有用于槛墙之上，在住宅中使用最为广泛，宫殿、庙宇、园林建筑中也大量使用。

横披。门、窗不易过大，过大过高在使用中极为不便。在一些较高的建筑中，门、窗之上常设横披窗，固定于槛框之上。横披窗在宋元以后使用广泛，其形制主要随下部窗的形制变化。

在中国木构建筑中，框架结构的形制使窗基本不受限于结构受力，所以建筑开窗类型繁多。在亭、廊、围墙、园林中窗的形式就更为丰富。窗的开孔形式变化多样。格心纹样异常丰富的"漏窗",称为"花窗"。"漏窗"可漏也可透,也有只漏出纹样的变化,并不通透的"镶嵌花窗"。有只开窗洞不用窗棂,在开窗形制上变化多样的"洞窗",也称"空窗""什锦窗";在墙壁上留下一个一个形式丰富的墙洞,使墙成为"花墙"。"洞窗"还可两面糊纸,内置灯光,称为"灯窗"。无论是漏窗还是洞窗等,既能满足通风采光的需求,也能满足形式美感的需要,甚至更多的时候是景致美的需要。窗的外形实则丰富至极,在后期使用中逐渐转换成砖石材料,较为常见的有扇面、六角、方胜、宝瓶、葫芦、仙桃、圆月、十字等。

隔 断

建筑自产生之日起，毫无疑问是要给人们提供一个安全的栖息场所，躲避风吹日晒、严冬酷暑、毒虫野兽，所以有能够遮蔽外界的所谓房屋，就可满足这些需求。而房屋内合理的功能分区、审美等，显然是在"以抵外部侵害"的房屋围护完成后的第二需求或次要需求。即使这种次要的"再需要"也是漫长时间发展的结果。而如果需要有新的功能空间或者想要居住得更为舒适，直线思维逻辑也是再造一个"遮蔽四方"的房屋，因此早期房屋在开始建造的时候并没有室内空间功能分区的概念。

同时，中国木构古建筑为框架性结构，在立柱四周进行围合、加顶，以形成盒状使用空间，在房屋的建造过程中，根本无须考虑室内空间的隔断、分割，结构的自身也无须内部墙体的支撑，增设内部墙体既费工费料，又对满足"遮蔽四方"的需要没有任何影响。就是在今天，有些偏远地区的自建房屋，所谓的"三间大瓦房"也是"空壳房"。屋内一个大空间，根据使用，如果其后逐渐又积累一些财力，就在屋内再加隔断墙；没有财力，就用家具遮挡、拉布帘草帘等方法分隔空间。所以，室内隔断并不是在房屋建筑时完成的，在开始的时候就和建筑的自身建造走了不同的技术和发展路线。隔断的形成是在使用经验的不断完善、现实生活的需求下有目的地探索和积累形成的。中国木构古建筑的框架结构使隔断在材料和结构上有很大的自由度，也给隔断形成了各种可能，创造了多样的形式，隔断也成为中国古建筑的室内空间特色处理方式。

中国古代典籍和图像资料中，对早期作为隔断的帷帐、帘幕和屏风有诸多描绘。汉代司马相如《长门赋》："飘风回而起闺兮，举帷幄之襜襜。"帷幄意指军中营房的帐幕，帐幕作为"室外之房"，其简易方便的优点，被引进室内称为"帷帐"。而屏风，在《周礼》中记述："邸，后版也，谓后板屏风与染羽象凤凰羽色以为之。"作为后板壁的屏风，既可御风也是一种空间遮挡。秦汉时期有大量的资料显示，帷帐和屏风成为室内必有的设施，是室内空间的一个部分。显然，中国木构古建筑室内隔断是因帷帐和屏风而起，从帷帐和屏风而来。在《营造法式》中很多小木作的术语，还有帷帐和屏风的遗留，如屏门、壁帐、版帐等。

木构建筑室内隔断大概有三类形式。

封闭性全隔断。全隔断使用间隔墙，间隔墙就是进行室内空间划分的封闭墙体，结合室内具体需求，使用土、砖、木等材料砌墙，形成丰富的样式，墙面处理可根据需要产生诸多变化。《营造法式》记载有全隔断的形式,"截间板账""厢壁板""壁账"等。

功能性半隔断。有使用和外檐隔扇门一样的形式,称为"殿内截间格子",隔扇门主要的不同就是位置和作用。有与室内家具结合的形式,如博古架、书架、储物柜,包括屏风等,同时具备装饰、采光、通风的作用,使室内空间不致过于闷闭,也丰富了空间层次。另有一种功能性半隔断为太师壁,一般用于起居厅堂的后半部分,中间为封闭性板壁,两侧为通道,板壁前是厅堂陈设的重点。

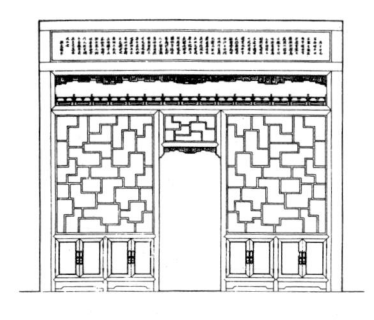

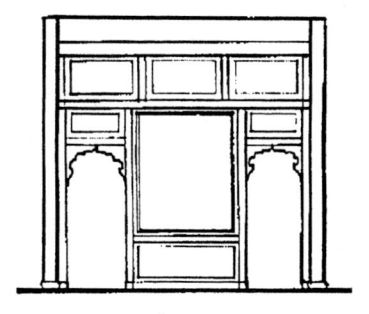

左:博古架
右:太师壁

视觉性的隔断。视觉性的隔断主要是指古建筑内部所特有的罩隔断形式。罩实质上并没有产生空间阻挡,主要是在视觉上进行了空间的划分,不同于墙体对空间的划分。罩应为在花牙子基础上发展而来,明清建筑室内空间有使用,明清前没有使用实例,宋《营造法式》上也没有记述。罩从形式上分为天弯罩、落地罩、栏杆罩、花罩,还有使用在较小空间的床罩。

天弯罩也称为几腿罩、飞罩,上部贴于梁下,下端不着地,两侧贴墙或柱,最为接近花牙子形式。是最为简单的花罩,用于分隔要求不明显的室内空间。

落地罩是指花罩两边的罩角直接坐到地上,有两种形式:一种是将飞罩两边的罩角延长,做成落地式样,落脚在须弥座木墩之上;另一种是两边罩角安装为隔扇,隔扇下接须弥座脚墩。

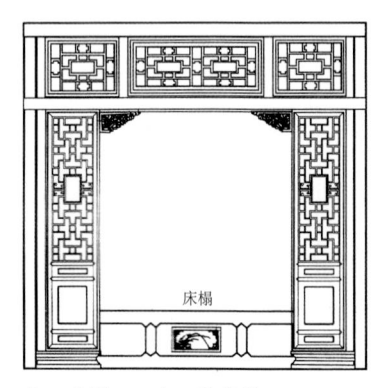

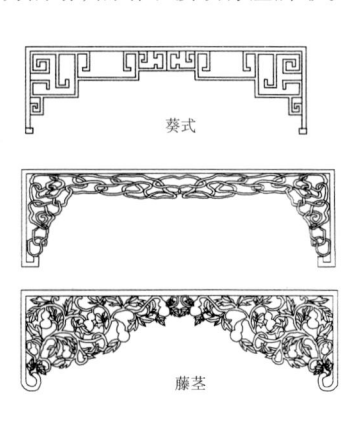

左:床罩　　右:天弯罩

栏杆罩主要是用于开间较大的房屋室内分隔。整个罩框分为三个开间，中间为通道，两边为栏杆装饰隔断。

花罩是天弯罩与栏杆罩相结合的形式。花罩的通透性较弱，但装饰性强，有的花罩也处理成多宝格样式，兼具实用性。花罩中部通道的空间轮廓有诸多变化，根据空间轮廓的样式，也有叫花瓶罩、月光罩等。

无论是天弯罩、栏杆罩还是落地罩，其制作有木板雕刻和木楞条两类，一般选用较好的木料进行雕刻，周边留出仔边，以供与边框榫接。其花纹图案非常丰富，有按照规律进行排列的连续纹样，如宫葵、菱角、海棠、冰片、梅花等纹样；也有不做连续排列的乱纹，如嵌结子、藤茎等。

罩在明清建筑的使用中，除空间一定意义上的视觉划分作用，在后期形成了一种房屋室内空间的审美定式，装饰的意味大于室内分隔的作用。

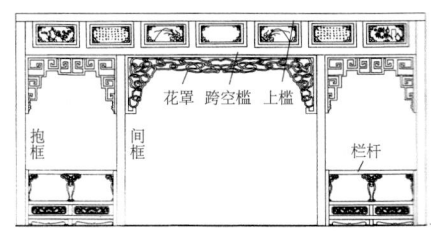

左：隔扇落地罩　　右：栏杆罩

天花和藻井

在早期木构古建筑中，室内屋顶结构是直接裸露出来的，没有采用遮蔽的手法，这种完全暴露、屋顶结构不做类似天花等的处理，宋制称为"彻上明造"，但和早期木构建筑的直接裸露仍有不同。"彻上明造"是相对于做天花处理的另一种不做处理的方式，而早期木构建筑居住意识还没有关注顶棚的处理，是全部不做处理，所以宋制的"彻上明造"是房屋建筑技术与房屋居住舒适度到达一定层次的产物，和早期顶棚不做处理，有认识层面的不同。

随着房屋居住经验的积累和舒适度意识的逐渐提高，人们发现在一些木构架上容易积灰尘，不方便打扫，灰尘容易在一定积累下经常飘落，而上部空间过大，从使用上看也没有直接的空间价值，加之北方地区的气候条件，对保温和采暖都有影响。在此基础上，逐步发展出顶棚处理的装置，顶棚的处理不受屋顶结构太多的限制，变化较为自由，产生了多种形式，其空间装饰的意味也越来越受到重视。

如果说是有意为之的顶棚处理，上述"彻上明造"也算为一种。"彻上明造"也称明栿，既然是明栿外露，在可能的情况下要处理得更为精细，除结构的功能性，还要注重视觉的美感，由于是裸露结构，房屋的通风、防潮效果较好，尤其在南方多雨潮湿地区。南方地区多采用"彻上明造"，有种民间做法称为"草栿"，和"彻上明造"是同种处理方法。除了有意为之不做处理的"彻上明造"，顶棚的处理发展出很多的形式，主要可以归纳为三类：天花、藻井和卷棚。

天花。天花又称"承尘"，在不同时期有不同的做法和称谓。宋制天花有"平闇"和"平棊"两种不同的形式。

平闇是用方木相交构成小格子，格子上再施盖板，格子很小，一般为方木条的二倍到三倍，称为"一椹二空"或"一椹三空"。闇为"暗"字的异体字，意指天花上部的木构部分被遮挡看不见。整个平闇如方形覆盆，与四周相接面形成一个斜坡面，称为"峻脚"。现存木构建筑使用此手法的有山西五台佛光寺东大殿和天津蓟县独乐寺观音阁，辽宋以后这种形式基本不用。

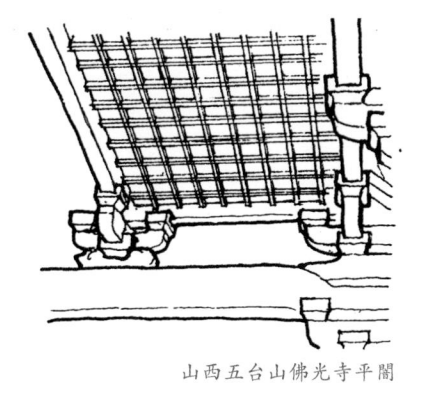

山西五台山佛光寺平闇

上：山西五台山佛光寺平闇
下：天津蓟县独乐寺观音阁平闇

·小木作装修· 389

天津蓟县独乐寺观音阁
八角井及平闇

　　平棊是用方木相交构成大格子，约为"一楾六空"，宋制格子板上贴"络花纹样"，仰视如棋盘，故称"平棊"。宋制平棊格子有正方形、长方形甚至多边形，格内图案纹样较为密集。明清时期格子均为正方形，图案相对疏散，框条较为宽大，在框条的相交处，施以四朵向心如意藻头，和格内纹样呼应。框条形成井字形，清制也称"井口天花"。方格内纹饰彩画早期用藻绣、莲花等水生植物，希望起"厌火"的作用。后来这种意念淡薄，到宋代则发展为盘球、斗八、叠胜等十三"品"[1]。

明清平棊主要宫殿用龙凤纹，次要建筑用花卉纹样，使用"圆光加岔角"构图。

清制平棊

海墁天花

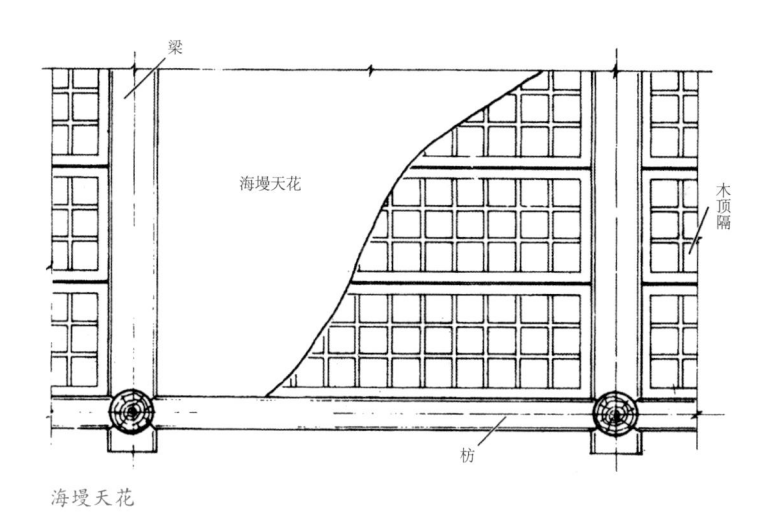

明清除了以方木构成格子的井口天花以外,还有不用方木格子,直接在桁条上贴盖平板,再施以纹样的,被称为"海墁天花"。

藻井。藻井是中国木构古建筑的一种特殊顶棚处理形制。藻是水生植物的称谓,有"厌火"的意象,也有丰富华丽的意思。李允鉌先生认为藻井起源于一种"罍"式结构,在"罍"式结构消失之后保留它作为一种顶棚形式。根据刘致平先生的研究,"罍"式结构是在一个方形或多角形的平面上,在底架上以抹角梁层层叠起,逐渐缩小,这样会构成不用中柱的锥形屋顶构架,也是一种比较早期的屋顶构架。

沈括在《梦溪笔谈·器用》中说："屋上覆橑，古人谓之'绮井'，亦曰'藻井'，又谓之'覆海'，今令文中谓之'鬬八'，吴人谓之'罳顶'。唯宫室祠观为之。"唐代也有明确的使用限制，"凡王公以下屋舍，不得施重栱藻井"。可见，藻井并不在普通房屋中使用，其用于规格较高的宫殿及庙宇建筑，是一种等级的标志。

从藻井的形制上看，其出现较早。汉墓中已出现藻井的覆斗和斗四形式；南北朝石窟内也有藻井形式的存在，在藻井壁内装饰有莲花及飞天等纹样；敦煌石窟千佛洞多以覆斗形式出现，内壁纹饰以佛教故事和莲花为主，顶部做成套四或斗四。南北朝石窟另有两个斗八藻井夹一个斗四藻井的形式，后代的斗四或斗八藻井在南北朝时期已都有使用。

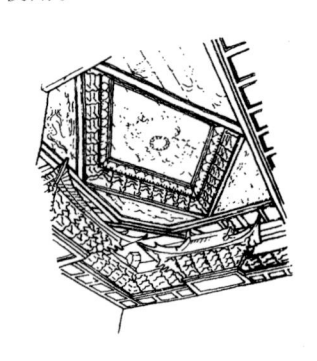

左：山西太原天龙山石窟覆斗形天花
右：山西应县净土寺大殿菱形覆斗井

宋代藻井发展趋于成熟，形制多样，非常华美。在形制上以斗八藻井居多，宋辽金藻井上已使用斗栱，造型更为丰富，有的还在藻井内壁饰以象征仙佛居所的小木雕天宫楼阁。此期藻井的顶部处理有平板式，也有穹隆式。明清有正圆形藻井形式出现，圆形藻井来源于穹隆式顶的藻井，圆形藻井多满布纤巧的斗栱，富有装饰性，但也有烦琐的感觉。明代以后藻井顶部象征天窗的明镜开始增大，至清代流行以龙为顶心的藻井，也称龙井。

藻井多位于殿堂空间的主要位置，除装饰功能以外，也有更加突出、强调空间的作用。故宫太和殿藻井是在明间的宝座上部，而寺庙的藻井在殿堂佛像的顶部，这样的处理手法都直接形成了帝王和佛像的突出空间感。

卷棚。卷棚是一种变体的天花形式，在明代以后江南地区民间或园林建筑中使用较多。

·中国木构古建筑·

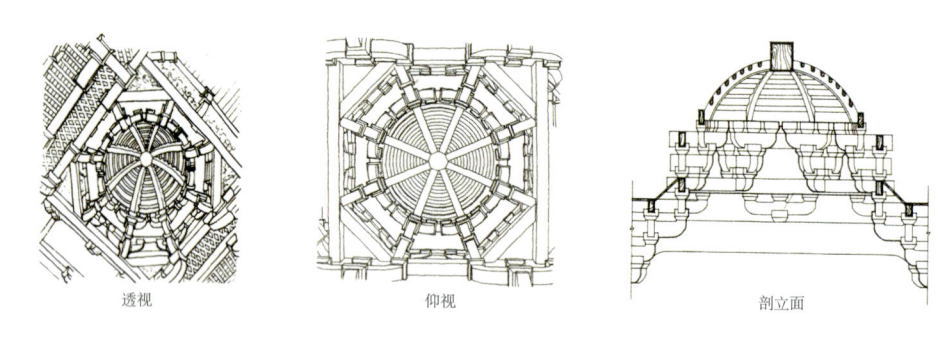

透视　　　　　　仰视　　　　　　剖立面

浙江宁波保国寺大殿圆形藻井

1. 李允鉌，中国古典建筑设计原理. 天津：天津大学出版社，2005：283

第八章 建筑彩画

装饰的产生

自建筑作为有意识营建的防御和维护空间开始，建筑的装饰在实质上已经存在，这种装饰是在有意识的功能性选择基础上产生的。其主体基础是功能性，而装饰的存在是先民对美好意识形成的一种意识性选择，也就是说先民在建筑营建中主体的目的是功能，但其意识层次已经有了对美好的认知[1]。杨鸿勋先生说："建筑装饰的发生，首先是对建筑空间借以存在的结构构造的美化。也正是因为这种装饰和具有功利价值的构件部件结合在一起，所以人们才更感受到它的美好。突出建筑材料质地和色彩的特点和利用的合理性；突出结构构造的力学特点和技巧性；突出部件的功能特点和实用效率感等美化加工，是建筑装饰的基本原则。"[2] 如同先民在建筑营建中对空间形态的选择，这种选择是有意识的，是有具体功能目标的，而意识上先民具有的审美性，也导致了选择结果的审美性和装饰性。同理在材料、部件等的选择上，甚至对材料进一步加工的结果，都是具有装饰意识的。

这种早期的装饰意识，是建立在材料和部件必备的基础上，是在材料和部件使用后的一种意识美或者美好的选择。在仰韶文化中晚期已发现在室内地面和墙壁上使用白灰抹面，并在龙山文化时期得以广泛使用。白灰抹面的使用，在这个时期并不是房屋营建主体功能的必需选择，虽然白灰抹面也具有功能性，但显然其装饰性已经成为初始使用者的主要意识并且是故意为之。也就是说装饰从初期意识美的选择开始进入一个有意为之的阶段。山西襄汾陶寺村龙山文化遗址中出现白灰墙面刻画的图案；辽宁牛河梁女神庙新石器红山文化遗址中，神庙室内发现使用彩绘图形和线脚来装饰墙面，彩绘是用赭红和白色在压平并经烧烤的泥面上绘制几何图形，线脚的做法是在泥面上做成凸出的扁平线或半圆线。这些发现都表示着装饰在建筑上已经正式作为目的性存在，在同期发现的生活、劳作用具上也已明确显示先民对于装饰的运用，尤其是在陶器等用品上，包括岩画等。如果说初期色彩、图形的使用，是基于图腾、巫术等史前宗教形态的功能需要，但随着审美意识的增强，目的性的装饰已逐渐在建筑中正式使用。

建筑的装饰起源是在功能性选择的基础上，即使装饰后期的发展也一直和功能性保持着一定的关系，装饰和功能很少被孤立的考虑。反对建筑过分奢华和浪费的观点一直左右着中国古建筑的发展，作为一种价值导向，这也成为历代统治者显以仁政的体现，不管是真正把仁政作为价值追求或是迫于传统价值观和当世舆论压力，统治者对于建筑营建一直在节俭和显以威严、尊贵之间抉择，而不论是官方建筑还是民间建筑都在这两种价值观的影响下发展，在这两种相反的价值观支配下演变。反对建筑过分奢华和浪费始终在制约着建筑的营建，而装饰成为反对过分奢华和浪费首先考虑的内容。所以，在中国古建筑中，多的是"构件的装饰"，"装饰性构件"反而少得多，即使存在，也要找一个很好的、正当的功能理由，很难仅以美观或是审美艺术性增加。屋脊鸱吻，屋山的悬鱼、惹草作为装饰性构件，都有着祈福、平安的象征意义，它们是有祈福、避火功能的设备，不仅仅是艺术审美形象。

建筑的色彩

中国古建筑用色鲜明强烈、缤纷多彩，在世界建筑体系中独树一帜，也是用色最为丰富的建筑体系。这既是对色彩的审美情感、社会文化的反映，也是中国古建筑自身使用材料及营建方式的结果。

建筑色彩的形成是极具复杂的因素综合的结果，它是材料性、功能性、社会性、宗教性、信仰性、精神性、风俗性、礼制性、象征性、地域性等相互作用产生的。具体构件色彩的使用，无非是某一因素占据主导地位造成的色彩的选择。

建筑的基础色彩是其使用的材料自身而带来的，无论是土、石、砖、木等都具有其本色，材料的本色构成了建筑的基础色彩。在使用和发展中，社会精神等认知层面影响着基础色彩的转化，这种色彩的变化在某一时期、某一类型建筑上又因社会精神的变化而有所不同，其中色彩的象征性及礼制性一直以来占据重要的地位。

中国古代色彩观念的建立，毫无疑问是一个从简单到复杂的发展过程。陈彦青认为，它们的生长和演化应该有一个自然生长以至目的性建构的过程，并对色彩观念的生长做出推论：

"1.浑然一色—2.二色初分(阴阳、黑白、纯杂)—3.三色观(黑、白、赤)—4.四色观(黑、白、赤、黄)—5.五色观(黑、白、赤、黄、青)—6.玄色统辖下的五色系统(玄黄—黑、白、赤、黄、青)及间色系统的产生。"[3]从文献资料中我们可知,在秦汉时期,中国古代色彩已形成了一个清晰的色彩系统,从阴阳五行之说形成的五色说,构成了最为基本的五方正色,再到由正色形成间色。间色是由正色产生,这在开始的时候就形成了间色为正色的次等色的认识。

一直以来,我们认为中国人用色夸张、艳丽,喜欢大红大绿之色,实则在色彩观念建立之初,正色被认为是高等的色彩。而色彩观念在建立初始,色彩也同时具有了象征意义。阴阳五行之说认为天地万物是由水、火、土、金、木五元素构成,五元素相生相克、循环往复,木生火、火生土、土生金、金生水、水生木,天地万物均在五行之中,而季节、方位、色彩无不与五行对应相连。五行对应的五色为"青、赤、黄、白、黑"[4],青相当于温和之春,为木叶萌芽之色,其方位则为东,为日出时;赤相当于炎热之夏,为火燃之色,其方位之为南,为正午;黄相当于土,为土之色,其方位则为中央;白等于清凉之秋,为金属光泽之色,方位则为西,为日没;黑等于寒冷之冬,为水,为深渊之色,方位则为北,为半夜。五色各有特殊的象征之意,建筑的用色,要想清晰用意,也只有通过五行说才有确切的解释。在五行说的影响下，载之后期的风水说，包括礼制等，使建筑用色充满了象征意义和礼制性。

《礼记》有云："楹，天子丹，诸侯黝垩，大夫苍，士黈。"皇帝的房屋柱子使用红色，诸侯使用黑色柱子，其他官员使用黄色。在周朝天子的宫殿，柱子、墙等都涂成红色，汉代的宫殿和官署也是如此。红色是重要身份的设色标准，虽然后期黄色也就是土色，代表中央，象征权力，成为最高等级的用色，但红色仍然较为高贵，在宫殿、庙宇等重要建筑中刷墙为朱色，门为朱门。

房屋构件用色的等级礼制，在历朝中也都较为重视。明代规定大门之制，"亲王府四城正门以丹漆金钉铜环；公王府大门绿油铜环；百官第中公侯门用金漆兽面锡环；一、二品官门绿油兽面锡环；三至五品官门黑油锡环；六至九品官门黑油铁环"；清代黄色琉璃瓦只能用于宫殿、庙宇，王公府只能使用绿色琉璃瓦，而一般百姓只能用灰布瓦。对建筑物的装饰色彩也有礼制等级划分，总的来说，建筑色彩的等级礼制，以黄色为尊，其下依次为赤、绿、青、蓝、黑、灰，宫殿用金、黄、赤色调，而民居只能以白、黑、灰为墙面及屋顶色调。

粉刷与油漆

先民在社会生产和实践中，逐渐认识了来自矿物和植物的颜料，并应用于生活或生产用品用具中，以及建筑的防护涂料和装饰，而油漆的使用更是在保护木材不受潮湿侵蚀的功能性外，使色彩更为多样。在仰韶文化早期半穴居中，已有发现在穴底或是穴壁使用细泥涂抹的面层，在半坡遗址中也有发现使用白细泥光面涂层，说明早期在房屋的维护结构上，为了使其更加平整和堵塞缝隙，使用了涂抹土泥的做法，这也是早期粉饰。在发展中，红土、白灰、蚌粉逐步在实践中应用于粉饰，使粉刷更加平滑和多彩。至少在商代已在泥墙面上涂"蜃灰"（即蚌壳灰）[5]，在偃师商城出土的部分建筑构件中，清晰可见白灰墙皮，底层细泥平整光滑，面层涂刷白灰，工艺已经有了一定的水平。周代有墙面涂白、地面涂黑的做法，在宫殿中柱子、墙等也有涂成红色的做法，而且已有专门的涂刷工具；秦代咸阳宫地面已经涂成红色，汉代宫殿把墙、柱、台基等涂成红色，文献中常有"丹楹""朱阙"等的描述，在宫殿、官署、庙宇外墙涂刷朱色的方式一直沿袭到清代。而对墙面的粉刷即使在现代建筑中，也还是广泛使用的，当然其目的主要是为了美观。

从考古发现的木胎漆器上看，至少在晚商和西周，已经掌握油漆的使用，在战国和西汉墓葬中发现有涂漆木棺，在部分墓室中也有发现使用油漆粉刷墙面。油漆工艺在后期得到了重要的发展，漆器得以大量的使用，并形成了独特的艺术门类。油漆在中国古建筑中也扮演了重要的角色，对木构材料防潮防水起到了重要作用。因为中国古建筑木构件的特殊性，油漆成为建筑色彩甚至建筑中最为重要的装饰材料，成就了中国古建筑绚丽多彩的风格，也形成了中国古建筑有别于其他建筑体系的极具特色的建筑彩画体系。

彩 画

从原始社会的生活用品尤其是彩陶上我们可知，先民在掌握了颜色的使用后，也就有了绘制图形作为装饰的能力，但何时应用于建筑装饰，形成建筑彩画，因为没有脉络清晰的实物存在，我们很难厘清。从已有文献、图画资料中发现，包括汉代墓室中，我们可知至少在汉代梁架上已有建筑彩画的形式。但在汉代以前呢？从何时开始，到何时基本具备？辽宁牛河梁女神庙新石器红山文化遗址中，墙面上用赭红和白色在压平并经烧烤的泥面上绘制几何图形，即使它并不是使用在木构上，是否能看作是建筑彩画在初期发展中的原始雏形？

从出土的大量春秋战国时期的精美漆器上看，当时已经掌握使用油漆来保护装饰木构件。在东周、战国、秦代宫殿建筑中曾广泛使用金属构件用于木构件在节点部位的加固和装饰，这种构件被称为金釭，而金釭这种构件至汉代逐渐消失，至唐宋就更没有发现。随着木结构的发展，金釭失去了加固这个功能性的作用，建筑彩画的大量使用紧随着金釭的消失而出现，而建筑彩画在金釭原来的部位做出了近似图案的模仿，明显采用了金釭原来的装饰意匠[6]，虽不能说是因金釭的消失才产生了建筑彩画,但建筑彩画在金釭消失后得以广泛发展,也是不争的事实。直至彩画形成了成熟的制式,在梁头部位的"箍头""藻头"还都保留着金釭装饰图形的特征。

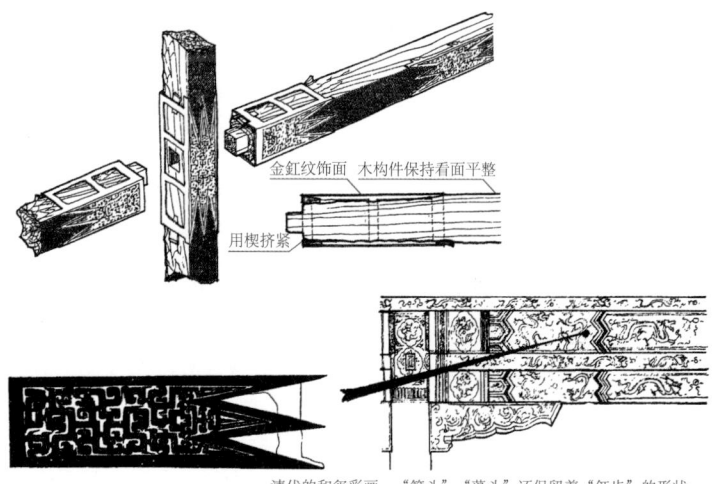

金釭纹饰面　木构件保持看面平整
用楔挤紧

清代的和玺彩画,"箍头""藻头"还保留着"釭齿"的形状。

上:汉代以前建筑的金釭
下:清代彩画的金釭齿

文献记载,秦汉时期在宫室藻井上有彩绘水生植物,且不仅藻井上有彩绘,在柱梁枋以及门窗上也使用多彩涂刷,并逐渐产生锦纹等图形。

魏晋南北朝时期，红柱白壁成为普遍的做法，具象纹饰逐渐减少，梁枋多用卷草、缠枝等二方连续图形[7]，随着佛教传入的影响，也有莲花、火焰、飞天等图形的使用。在这一时期，叠晕手法开始出现，叠晕是以同一颜色，调出二至多个色阶（一般最多为四个），形成渐次的色彩明暗变化。

隋唐时期基本继承了南北朝的彩饰形式，其装饰图形使用制式也已经定型。

宋《营造法式》中把彩画分为五彩遍装、碾玉装、青绿叠晕棱间装、解绿装、丹粉刷饰、杂间装等，并明确了彩画的步骤，提供了详尽的彩画信息。宋代彩画开始从暖色调为主过渡到以冷色调为主，并影响了其后的发展，在手法上从深到浅的叠晕和从浅到深的退晕已经普遍使用；其彩饰重点在阑额部分，形成与前朝不同的制式，在阑额的构图上明确形成了两端藻头、中为枋心的制式，并为后世所沿用。

元代出现旋子纹样，这是一个对明清两代有重要影响的制式，明清两代大量使用。

明代基本形成了金龙彩画和旋子彩画两大制式，与宋清两代明显不同的是，一般在枋心上不画图形。清代彩画形成了和玺彩画、旋子彩画、苏式彩画三大类别。

宋制彩画

宋制不同等级的建筑使用不同等次的建筑彩画，一般五彩装和碾玉装为上等彩画，青绿叠晕棱间装和解绿装为中等彩画，丹粉刷饰等为下等彩画。

五彩遍装。五彩是指青、黄、赤、白、黑五种颜色，此是指丰富的颜色。五彩遍装是以青绿叠晕为外缘，内心用红色铺地，上绘有五彩纹样；或以朱色叠晕为外缘，内心用青色铺地，上绘有五彩纹样，形成色彩丰富、华丽的建筑彩画，也是色彩最为丰富的彩画形式。五彩遍装在宋代规格等级最高，多用于宫殿、庙宇等重要建筑，具体使用在梁、栱和柱、额、椽等木作构件上。

五彩遍装使用在梁、栱之上，在外棱四周描有色线，称为缘道。在缘道上用青色、绿色或朱色做叠晕，缘道框内绘制五彩的各种图案，用朱色、青色或绿色做剔地。主体花纹图案据《营造法式》记述有石榴花、宝相花、莲荷花、团窠宝照、圈头合子、豹脚合晕、玛瑙地、鱼鳞旗脚、圈头柿蒂等9种；而琐纹图案有琐子、簟文、罗地龟纹、四出、方环、曲水等6种。

柱子的五彩遍装，分为柱头、柱身、柱脚，柱头绘制细锦或琐文，柱身和柱头呼应，同绘细锦，柱脚绘制青瓣或红瓣叠晕莲花。

檐椽或绘制青色、红色叠晕莲花，或绘制火焰明珠等。飞椽绘制青、绿连珠及棱线叠晕，也可绘制方胜、两尖等。

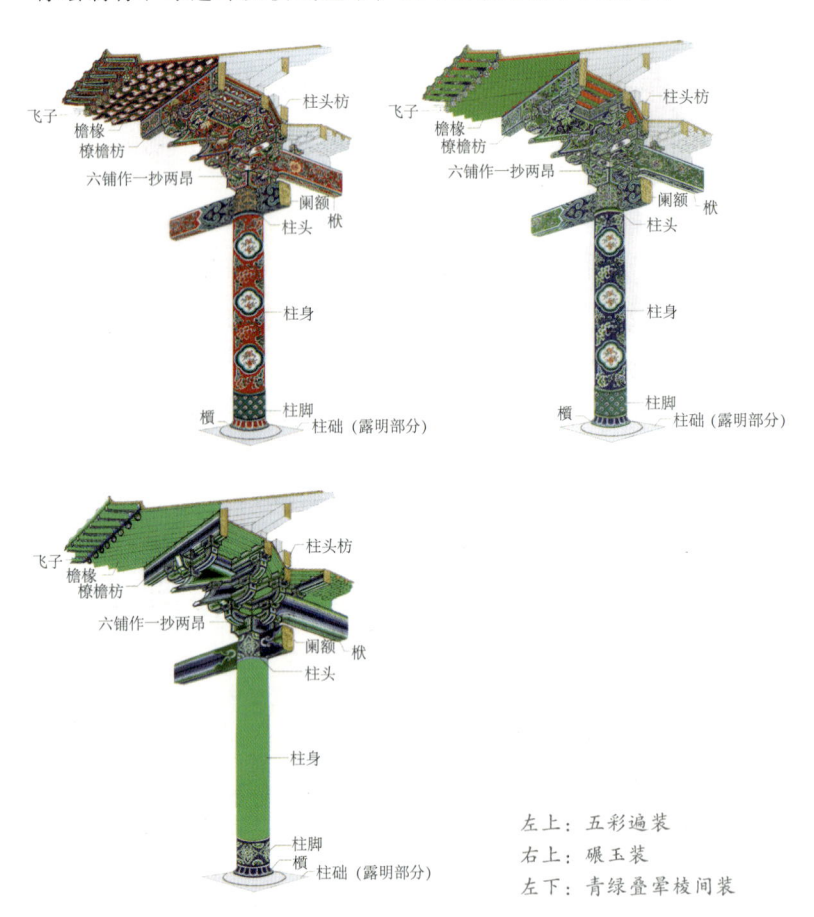

左上：五彩遍装
右上：碾玉装
左下：青绿叠晕棱间装

碾玉装、青绿叠晕棱间装。碾玉装是以青绿叠晕为外缘，内心青底描淡绿色花。青绿叠晕棱间装外缘和碾玉装相同，内心用青绿相同的对晕不使用花纹，除五彩遍装外，比其他制式都更为精细。碾玉装、青绿叠晕棱间装应为宋代新的手法，对明清两代影响很大，多用于住宅、园林和宫殿等次要建筑。

碾玉装的花纹图案，《营造法式》记述为与五彩遍装相同，其描绘木作构件也分为梁栱和柱橡两大部分。

解绿装、解绿结华装和丹粉刷饰。这几种彩画形式都源自古制赤白彩画，是以刷土朱暖色为主的彩画。解绿装为在结构上通刷土朱色，在外缘上施以青绿叠晕外框；解绿结华装和解绿装的区别是在其基础上，在土朱底色上绘有纹饰；而通刷土朱色，在外缘上施以白色边框的为丹粉刷饰，以土黄代替土朱的是黄土刷饰。刷饰是彩画等级中最为低等的，主要用于次要房舍。近年来在一些遗存的唐、宋代建筑或汉代墓葬中发现有"七朱八白"的做法，"七朱八白"就是丹粉刷饰的一种。

杂间装。杂间装是各种彩画进行相互穿插加以组合的彩画制式，如五彩间碾玉装、青绿叠晕间碾玉装等。

412 ·中国木构古建筑·

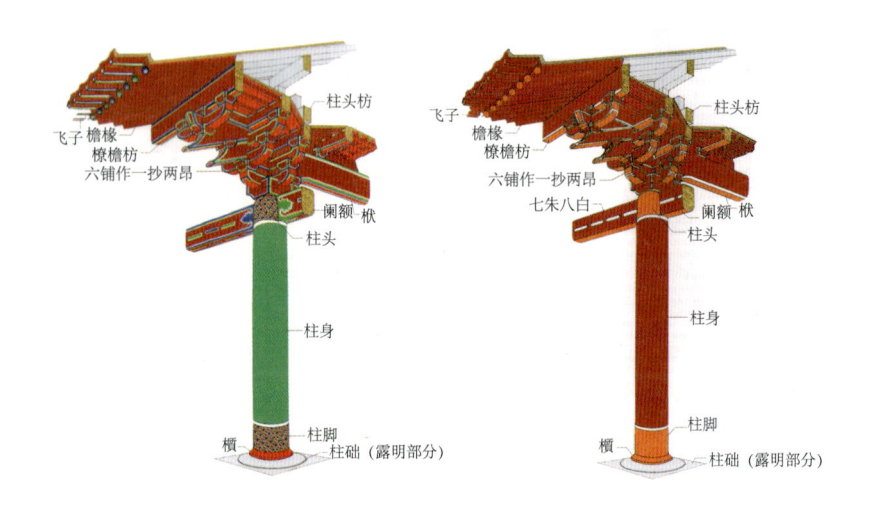

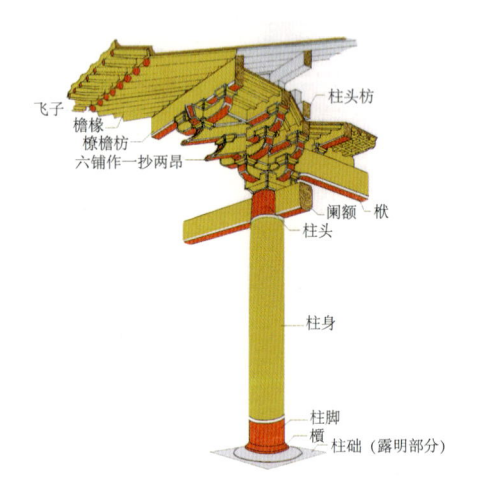

左上：解绿装
右上：丹粉刷饰
左下：土黄刷饰

清制彩画

清制彩画分为和玺彩画、旋子彩画、苏式彩画三类。三类彩画的构图是以横额、垫板、枋木作为主体部分，以横向长度构成条幅式画面，其分为三段，也叫"分三停"。三段的分界线也叫"三停线"，枋心在三停之中，左右两边为藻头（也称找头），藻头之外为箍头，箍头内的图案称为"盒子"。箍头、藻头、枋心的长度可随横向长度调整，分隔各画面使用线条，对应内容为枋心线、箍头线、盒子线、岔口线、皮条线，也称为"五大线"。

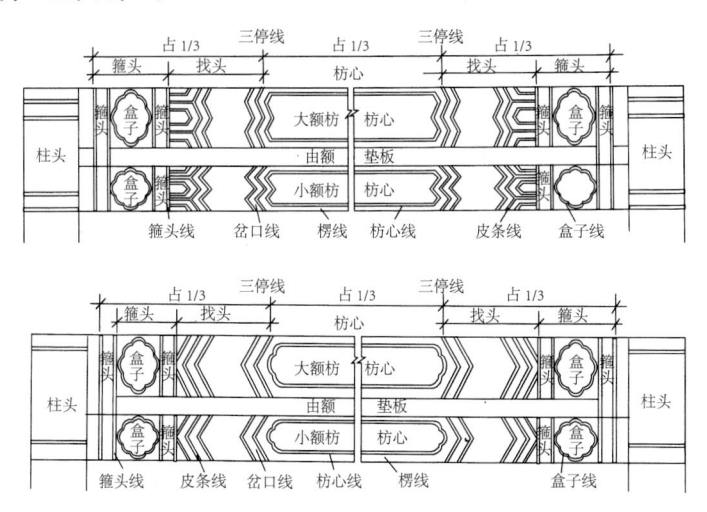

上：和玺彩画梁木图样　　下：旋子彩画梁木图样

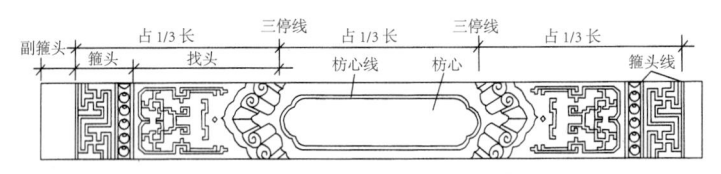

苏式彩画梁木图样

和玺彩画。和玺彩画是清制中最高等级的彩画，主要用于皇家建筑中重要的殿堂。和玺彩画在箍头、藻头以及枋心等不同部分结合处，用折线分隔而不用直线，在额枋两侧以直线与柱头相接，使柱枋在彩饰上形成一个整体。在和玺彩画的三停线中，枋心和藻头之间、藻头与盒子之间的岔口线，明显有三折形的分界线。和玺彩画用色主要有青、绿、红、紫，在檐部的大额枋与小额枋以蓝绿色为主，中间的由额垫板用大红，以产生强烈的冷暖对比。和玺彩画有时也会在主要线条和纹样上采用沥粉贴金工艺，以贴金的多少作为大贴金和小贴金之区分，也有时会在使用的色彩中加以白粉，用以控制色彩的明度变化。

和玺彩画在箍头、藻头、枋心部位画龙，其他主要图案为凤、吉祥草、西番莲、灵芝等，根据使用图案的不同，和玺彩画可分为金龙和玺、龙凤和玺、龙草和玺等，其色彩关系基本一致，等级逐次递减。

金龙和玺是和玺彩画中等级最高的，彩画图案以金龙为特征，所有线条均为沥粉贴金，额枋枋心为二龙戏珠图案，其底

和玺彩画

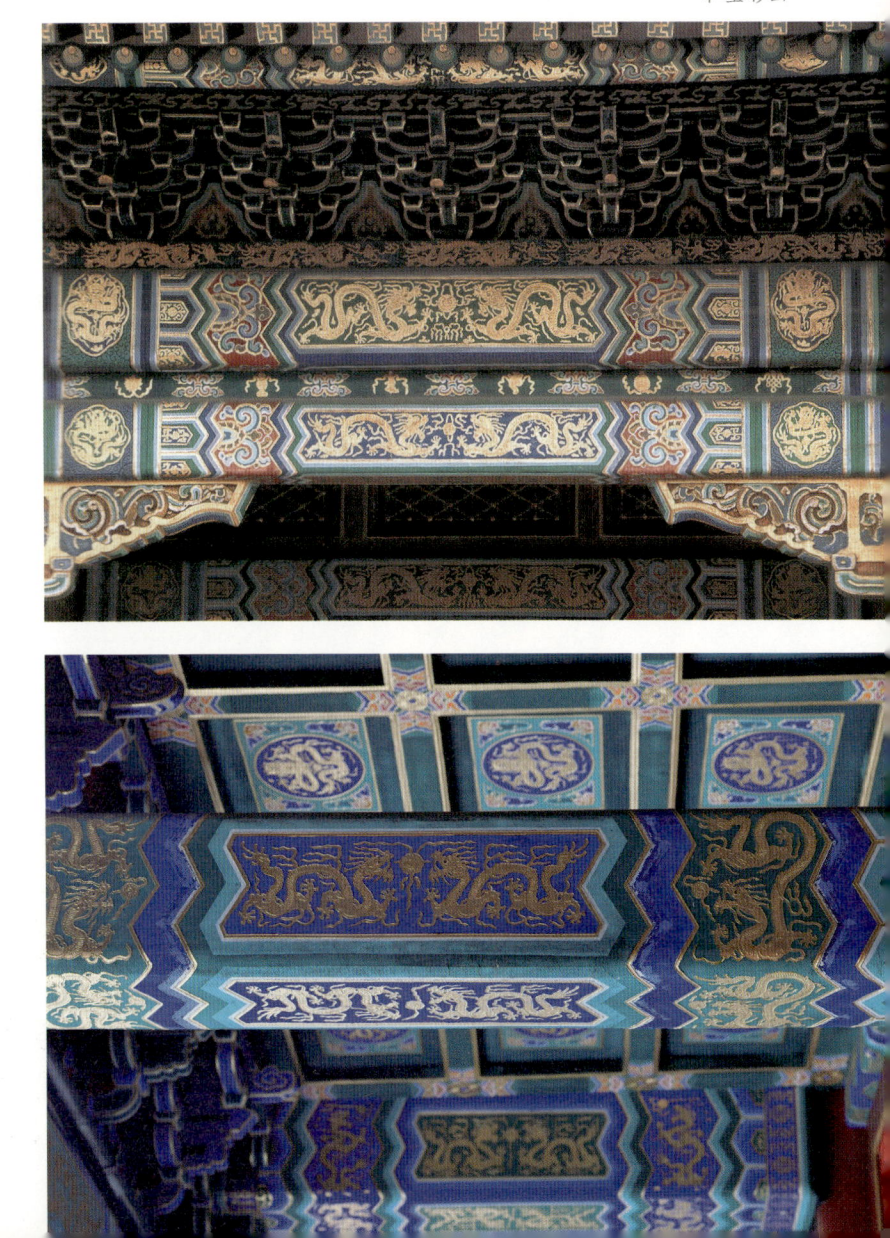

和玺彩画

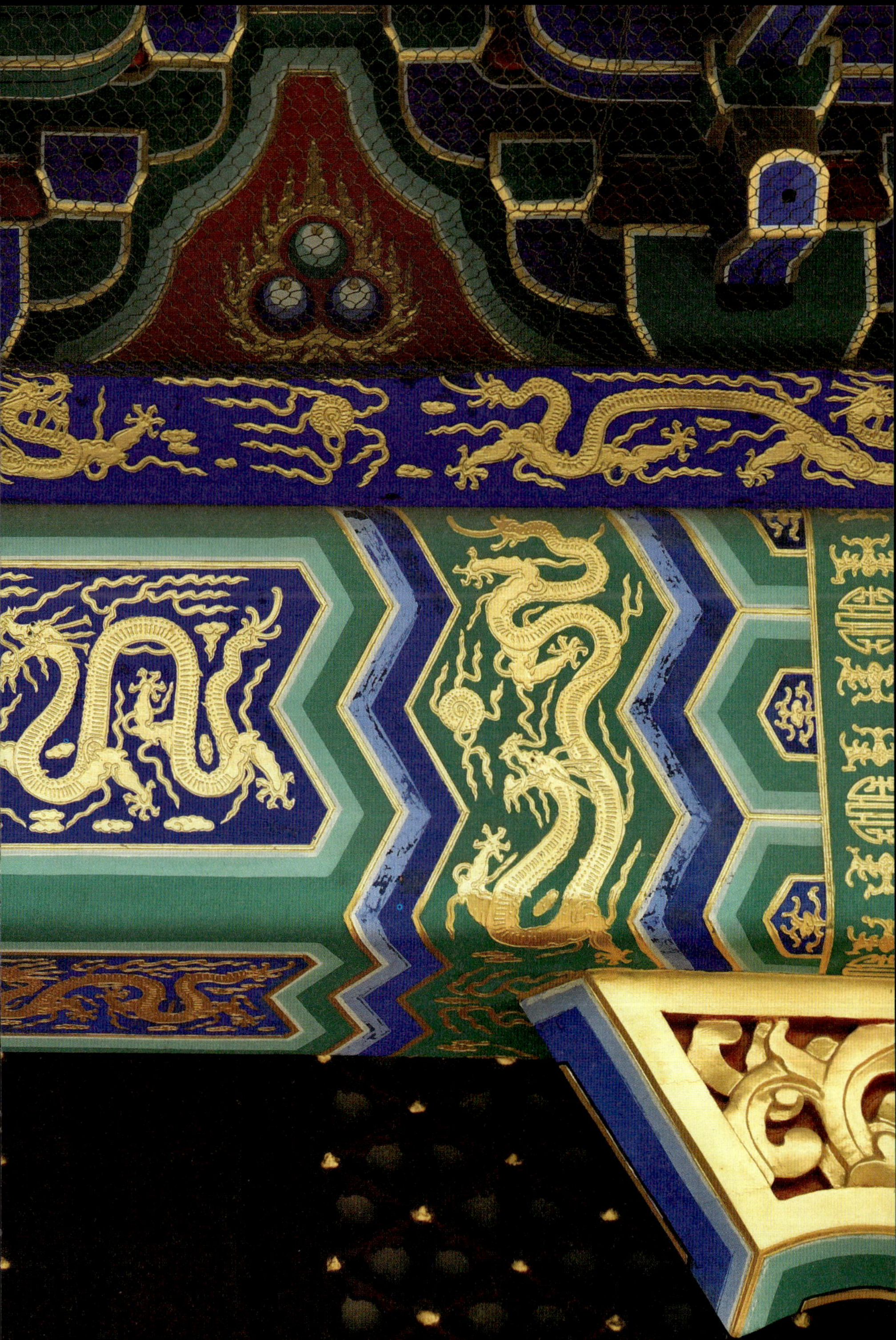

色或为青绿，或青色、绿色相间使用，如大额枋使用青底，小额枋就使用绿底，也可以交互使用。藻头内图案也为龙纹，根据距离长短，较长距离使用升降二龙；较短距离，青底用升龙，绿底用降龙，也可调换使用。盒子内图案用坐龙，盒子两边箍头内用贯套，中间额垫板可用各种游龙或龙凤相间，平板枋由两端向中间用行龙。

龙凤和玺在和玺彩画中仅次于金龙和玺，彩画图案以龙凤为主体。在枋心内使用龙凤呈祥、双凤昭福等飞凤图案。藻头内升龙与降龙、飞凤相间使用，盒子内坐龙、舞凤相间使用，箍头不用贯套，箍头线间空白，平板枋和额板枋用一龙一凤。

龙草和玺又低于龙凤和玺一个等级，彩画以龙草图形为主，与龙凤和玺彩画区别的是，枋心、藻头、盒子主要由金龙和草纹构成。大额枋为二龙戏珠，小额枋则为法轮吉祥草；藻头内为升龙或降龙，盒子则为西番莲；箍头为死箍头，平板枋和额垫板为轱辘草。

旋子彩画。旋子彩画是比和玺彩画低一个等级的彩画，以带有卷涡旋转纹的花瓣为显著的图案形式，主要用于宫殿的次要建筑和衙署、庙宇等建筑上，一般民居不用。旋子彩画的整体构图为每端箍头加藻头占总长度的三分之一，中间枋心占三分之一，也就是说构图结构是由两端的两个三分之一加上中间枋心的一个三分之一三个部分构成。其箍头内的图案称为盒

·建筑彩画· 419

旋子彩画

子，有整盒子、破盒子、海棠盒子之分。整盒子为箍头内完整的花卉图案，四角为四分之一个花卉，构成一个整体单元图案；破盒子为两个对角线把箍头内图案分为四个部分，每个部分内有半个花卉图案；海棠盒子即箍头内图案造型为海棠形状。藻头内的旋子纹样也有整破之分，一个旋子纹为一整，半个旋子纹为一破，藻头内有一整二破、二整二破等多种形式。枋心有单色平刷、锦纹、草纹、龙纹等多种纹样。在整体风格上，旋子彩画既可以通过颜色的变化做得很华丽，也可以做得很素雅。

旋子彩画藻头为固定的旋花，旋花由旋眼、栀花、菱角地、宝剑头等构成。旋眼就是旋花的中心纹样，菱角地是花瓣之间的三角部位，宝剑头是一朵旋花与外边形成的交角部位，栀花是藻头与箍头上下相接的部分画成的四分之一栀子花形。旋子彩画在枋心和藻头之间、藻头和箍头之间有明显的双折分界线，旋子彩画的箍头均不设图案，也称为"死箍头"，为青地或绿地。

旋子彩画按照贴金量的大小又分为金琢墨石碾玉、烟琢墨石碾玉、金线大金点、墨线大金点、金线小金点、墨线小金点、雅伍墨、雄黄玉等八种[8]。

苏式彩画。苏式彩画是江浙一带的民间彩画形式，早期由苏州工匠使用于南宋宫殿内，因其取材自由、轻松活泼而凸显风格。苏式彩画更贴近生活，主要用于等级较低的生活性建筑，如宫苑、园林建筑等。苏式彩画处理手法比较自由，在枋心与藻头之间的岔口线有卷草、烟云、角线等多种形式，没有严格统一的规定，其箍头部分、盒子部分、枋心部分均可自由灵活地使用。

苏式彩画

苏式彩画

苏式彩画分为枋心式、包袱式、海墁式等形制。其中包袱式苏画极具特征，在檩、垫板、额枋整体构图下，中心处画一半圆形包袱，包袱内纹样描画自由活泼，有风景、历史故事、楼台殿阁、动物等，无所不有。使用的绘制手法也灵活多变，有纹样式也有绘画式等，且包袱的形状也非常丰富，做出各种形状的变化。包袱线是包袱构图的边界线，有烟云退晕框、花纹边框、文卷边框、卷草边框等多种形式。烟云退晕框也称为退烟云，由外框边线向内做多层退晕处理。烟云框线由烟云托子和烟云筒两部分组成，烟云托子是连续折线叠加，外疏内密，层层退晕，有的达六七层之多。烟云筒是筒状弧线层层退晕叠加，退晕层次可达十多层。

海墁式彩画比包袱式彩画绘制手法更为自由，构图更加灵活，除了箍头和箍头内设的卡子对称绘制以外，枋心、藻头均无边线，可以一体化绘制，甚至可以在额枋、垫板、枋之间分别作画，不受限制。

清制其他部位的彩画

斗栱彩画。清制斗栱彩画分为斗身部分和斗栱板部分。斗身部分主要是设色和画线，设色就是斗身的底色，以柱头斗栱为基准,多为青、绿两色相间使用。升、斗构件为绿地,栱、翘、昂就为青地;升、斗构件为青底,栱、翘、昂就为绿底。栱眼为红色,两者之间是交互使用。构件周边作线条描边,有金线或色线两种,色线一般为黑色或黄色,使用什么描边主要是配合彩画调整。

斗栱板的彩画主要有坐龙、凤舞、火焰宝珠、法轮草等图案,图案的使用同样根据大木彩画做选择。大木彩画为高等级的和玺彩画,斗栱板应为坐龙、凤舞、法轮草或火焰宝珠等图案,大木彩画为旋子以下彩画,斗栱板可不作画,作红地漆。斗栱板的底色一般为红色,板的边框为绿色,内框线为金色,其他框线为墨色或其他色线。

椽子彩画。清制在檐椽和飞椽上作彩画,彩画位置在椽身和椽头部分,椽身只设色,一般为青色和绿色,不再作图案。檐椽头和飞椽头使用的图案有所不同,一般檐椽头图案为龙眼、百花、寿字等,底色设青地,边框为沥粉贴金;飞椽头图案多为万字、栀花、色花等,底色设绿底,边框同为沥粉贴金。

天花彩画。天花彩画分为天花板设色、井口板图案和支条图案。天花板的设色分为圆光、方光、大边、支条、边线等,圆光用绿色或青色、金或红色边线,方光用浅绿色或浅青色、金或红色边线,大边用深绿,井口线和支条边线用金色。井口板的图案一般由绘有二龙戏珠、双凤朝阳、双鹤翩舞、五蝠捧寿、金水莲草等纹样的鼓子心和岔角花组成。支条边线也叫井口线，一般为贴金或色线，支条使用的纹样有云朵、夔龙、番花、素草等，因其纹样尾部呈双岔燕尾状，也称云朵燕尾、夔龙燕尾、番花燕尾、素草燕尾，具体使用哪一种支条燕尾，需和井口板的图案配合使用。

上：椽子彩画
下：天花彩画

1. 这种美好的意识，也就是审美意识的雏形，包括早期对身体的装饰和器物的装饰，当然这些装饰也必然是在功能基础之上的。正是这些审美的雏形，使先民在建筑营建过程中，同时也有了装饰意识。
2. 杨鸿勋，中国文化研究集刊（第一辑）. 上海：复旦大学出版社，1984：66
3. 陈彦青，观念之色——中国传统色彩研究. 北京：北京大学出版社，2015：7
4. 在传统的五行色彩中，其名称并不是对应现在科学意义上的色彩名称，如青，现代色彩概念中的青色、绿色、蓝色都是五行中青的色彩；绯红和朱丹色都为赤；土黄、雌黄、柑色都是黄。
5. 潘谷西，中国建筑史. 北京：中国建筑工业出版社，2015：293
6. 李允鉌，中国古典建筑设计原理. 天津：天津大学出版社，2005：279
7. 维基百科：以一个或几个单位纹样，在两条平行线之间的带状平面上做有规律的排列，并以向上下或左右两个方向无限连续循环所构成的带状纹样，称为二方连续纹样。
8. 田永复，中国古建筑知识手册. 北京：中国建筑工业出版社，2013：408

图片索引

本书所使用图片除以下索引外，其他均为作者自绘或自摄。

第一章

007. 李允鉌，中国古典建筑设计原理．天津：天津大学出版社，2005：12

010 左．伊东忠太，中国纪行——伊东忠太建筑学考察手记．北京：中国画报出版社，2017：7

010 右．朱涛，梁思成与他的时代．桂林：广西师范大学出版社，2014：32

018．柔荷拍摄

022、029．王贵祥，中国古代人居理念与建筑原则．北京：中国建筑工业出版社，2015：32、120、178

第二章

046 上、049．杨鸿勋，杨鸿勋建筑考古学论文集（增订版）．北京：清华大学出版社，2008：22、37

048．《考古学报》1978 年第 1 期

051 下、054 下、059、065．刘叙杰，中国古代建筑史（第一卷）．北京：中国建筑工业出版社，2009：123、233、430、636

052．《考古》1983 年第 3 期

053 左．李永迪、冯忠美，殷墟发掘照片选辑 1928—1937．台北："中央研究院"历史语言研究所，2012：22

053 右．《考古》1989 年第 10 期

055、057 上、060、062、063、070 上．刘敦桢，刘敦桢全集（第九卷）．北京：中国建筑工业出版社，2007：21、20、68、69、70、71、44、90

069．杨鸿勋复原图

070下.查尔斯·兰·弗利尔,佛光无尽:弗利尔1910年龙门纪行.上海:上海书画出版社,2014:203

071.侯幼彬、李婉贞,中国古代建筑历史图说.北京:中国建筑工业出版社,2002:41、43

075右.梁思成,梁.北京:中国青年出版社,2013:图版

第三章

121.梁思成绘

127上、139.潘谷西,中国建筑史(第七版).北京:中国建筑工业出版社,2015:264、57

127中、127下、145、149.侯幼斌,台基.北京:中国建筑工业出版社,2016:22、55、73、70

131上、133、141、142、146、148、150、155、160.刘大可,中国古建筑瓦石营法(第二版).北京:中国建筑工业出版社,2015:20、18、413、414、319、417、406、407、201

153、154.刘敦桢,刘敦桢全集(第六卷).北京:中国建筑工业出版社,2007:178、179

第四章

169、172上、203、217、231、232、242、263、275.刘敦桢,刘敦桢全集(第六卷).北京:中国建筑工业出版社,2007:166、167、187、188、190、191、192、197、204

170、171.南京工学院建筑系建筑史组,中国建筑史图集.1978:52、53

172下、234.梁思成,图像中国建筑史.北京:中国建筑工业出版社,1991:167、188

174上、182上、183左上、187上.刘敦桢,中国古代建筑史.北京:中国建筑工业出版社,1980:252、255

175 上、177 左、178 右、195 左、196 左、254 左上．郭黛姮，中国古代建筑史（第三卷）．北京：中国建筑工业出版社，2009：400、659、157、267、635

175 下．刘叙杰，中国古代建筑史（第一卷）．北京：中国建筑工业出版社，2009：160

177 右、178 左、246．陈明达，《营造法式》辞解．天津：天津大学出版社，2010：52、468、32

179、180 左上、180 右上、195 右．中国科学院自然科学史研究所，中国古代建筑技术史．北京：科学出版社，1985：196、208、158、180

181．侯幼彬，台基．北京：中国建筑工业出版社，2016：21

183 左下．雷冬霞，中国古典建筑图释．上海：同济大学出版社，2015：16

184 下．刘大可，中国古建筑瓦石营法（第二版）．北京：中国建筑工业出版社，2015：286

189．梁思成，图像中国建筑史．北京：中国建筑工业出版社，1991：187

191 下．马炳坚，中国古建筑木作营造技术（第二版）．北京：科学出版社，2003：6

196 右．傅熹年，中国古代建筑史（第二卷）．北京：中国建筑工业出版社，2009：497

219 上．李允鉌，中国古典建筑设计原理．天津：天津大学出版社，2005：246

235．谢玉明，中国传统建筑细部设计．北京：建筑工业出版社，2001：118

237 下、252 上、254 右下、256 左．张十庆，中国江南禅宗寺院建筑．武汉：湖北教育出版社，2002：177、180、192、181

250 上、252 下．潘谷西、何建中，《营造法式》解读．南京：东南大学出版社，2005：66、89

254 上、254 中、257 左上、268 上．梁思成，营造法式注释．北京：中国建筑工业出版社，1983：243、105、257、108、148

258 上、265、271．张家骥，中国建筑论．太原：山西人民出版社，2003：66、403、105

266 中、266 下、267 上．田永复，中国古建筑知识手册．北京：中国建筑工业出版社，2013：138、131、136

267下.张仲一、曹见宾、傅高杰、杜修均,徽州明代住宅.北京:建筑工程出版社,1957:24

第五章

288、289下、290、291、299、307上、308.田永复,中国古建筑知识手册.北京:中国建筑工业出版社,2013:227、228、238、151

292下、294、295、311、312.刘大可,中国古建筑瓦石营法(第二版).北京:中国建筑工业出版社,2015:136、137、73、79、80

298上下、300上、301上.雷冬霞,中国古典建筑图释.上海:同济大学出版社,2015:124、122

第六章

317.刘敦桢,刘敦桢全集(第六卷).北京:中国建筑工业出版社,2007:165

318、321上、322上、323上、325、326、329、332上、335、336.田永复,中国古建筑知识手册.北京:中国建筑工业出版社,2013:167、168、169、200、202、179、187、37

320、338、342、343、351左.张家骥,中国建筑论.太原:山西人民出版社,2003:325、332、330、336、324、337

346上.中国科学院自然科学史研究所,中国古代建筑技术史.北京:科学出版社,1985:153、173

351右上.刘大可,中国古建筑瓦石营法(第二版).北京:中国建筑工业出版社,2015:243

351右中.田永复,中国古建筑知识手册.北京:中国建筑工业出版社,2013:198

351右下.南京工学院建筑系建筑史组,中国建筑史图集.1978:153

第七章

363、387、389、392. 刘敦桢, 刘敦桢全集（第六卷）. 北京：中国建筑工业出版社，2007：212、215、217、216

368 左下、368 右下、370、371 下、377 上、384、385 右. 田永复, 中国古建筑知识手册. 北京：中国建筑工业出版社，2013：325、330、331、386、385、384

368 左上. 陈明达,《营造法式》辞解. 天津：天津大学出版社，2010：217

372 左、376 右. 中国科学院自然科学史研究所, 中国古代建筑技术史（第一卷）. 北京：科学出版社，1985：249、255

372 右、394 上. 雷冬霞, 中国古典建筑图释. 上海：同济大学出版社，2015：136、159

375. 郭黛姮, 中国古代建筑史（第三卷）. 北京：中国建筑工业出版社，2009：688

378. 潘谷西, 中国建筑史（第四版）. 北京：中国建筑工业出版社，2001：295

383 左、391. 马炳坚, 中国古建筑木作营造技术. 北京：科学出版社，2003：307、308

383 右. 孙大章, 中国古代建筑史（第五卷）. 北京：中国建筑工业出版社，2009：482

385 左. 张家骥, 中国建筑论. 太原：山西人民出版社，2003：478

第八章

407. 李允鉌, 中国古典建筑设计原理. 天津：天津大学出版社，2005：279

410、412. 潘谷西、何建中,《营造法式》解读. 南京：东南大学出版社，2005：171、176、179、181、184、186

413、414. 田永复, 中国古建筑知识手册. 北京：中国建筑工业出版社，2013：402

后 记

中国古建筑体系浩瀚繁复，有民居建筑、宫殿建筑、礼制建筑、宗教建筑、陵墓建筑、园林建筑、设施性建筑等不同的类别，每一类别又都自成体系，均可鸿篇著述。

当然，除了一些设施性建筑或有特殊使用功能的建筑以外，中国古代的建筑原本不存在以用途来分类的概念，房屋只有等级之分，没有因用途不同而轩轾。

如佛寺建筑本就是居住建筑，从单体房屋结构上来说，与普通民居几乎没有区别，甚至宫殿建筑也只是等级更高，本身结构也没有太大的变化。中国传统建筑的设计原则是，房屋就是房屋，不管是什么用途都希望适用。而西方建筑从功能上就决定了建筑之间的不同，如教堂就很难作为民居使用。

此外，如本书写作的前愿，我想为社会公众推开欣赏中国古建筑的大门，从而在一定程度上真正理解、认知中国古建筑之美。而要对每个类别均进行论述，则难免会陷入浅尝辄止的境地。

基于上述原因，本书写作的切入点选择了木构建筑，在内容上有一定的深度，读者如能稍加留心，尤其是木构架的部分，相信也就懂得了如何品读中国古建筑、认知中国古建筑。

这本书中所选建筑摄影图片，多为我历年在古建筑考察中所摄，风霜雨雪、登山跋岭、鞍马劳顿却满心充盈。星辰日月中，每每忆及独自行走在人迹罕至的深山僻壤，个中苦乐尤为深刻；文稿是结合近几年田野考察记录的整理和再思考，写在因新冠疫情而居家的时间，不安的氛围与写作的焦虑几度交织。六十年一轮回的庚子年，注定是不平凡的一年，全球新冠疫情还未能被有效阻止蔓延，南方洪灾一月有余，经济复苏之路充满曲折。但是，我依然相信世界终归会发展，一切终归会美好。

感谢河海大学出版社为此书的顺利出版付出的所有努力。

刘海波

2020.07